清代河務檔案

QINGDAI HEWU DANG'AN

《清代河務檔案》編寫組 編

13

廣西師范大學出版社
GUANGXI NORMAL UNIVERSITY PRESS
·桂林·

第十三册目録

永定河工舊檔

管河題調要缺直隸永定河北岸同知張毓先調

查坐補永定河北岸同知張承勳業已丁憂

另行請補直隸廣平府同知王蘭廣故

另行請補直隸樂亭縣知縣王霂勤休

另行咨補直隸南宮縣縣丞余錫恩故

調要缺直隸多倫諾爾白岔巡檢邱壽熙革

另行咨補直隸甯津縣典史列戴忠故

另行咨補直隸內邱縣典史冀唐榮丁

吏部為知照事文選司案呈查定例各省正印佐雜及河道總督所屬

官員緣事議降議革及升任調任終養告休之缺吏部於每月二十

日截缺下月初五日開單行文知照以接到部文之日令該督照例揀選
升調等語又本部奏定章程內開丁憂告病之缺有本日可計者即以
各本日坐為開缺日期其餘無論何項出缺凡由本部核覆者總以接
到議准部文後方准開缺令各省每月自初一日起至三十日截止一次凡接到
部文之缺並該省及別省知照病故丁憂各缺俱坐為本月之缺查照序
補如因差委來京或引
見在京病故者以接到部文之日坐為開缺日期如在途病故以接到該省咨
文之日作為開缺日期等因道光二十七年二月二十六日奉
旨依議欽此欽遵通行各直省在案查從前各省由外揀選之缺本
部於每月二十日截缺後下月初五日開單行文知照令該督揀選
升調後經本部奏改章程除丁憂病故以本日坐為開缺外其餘由

外揀選及知縣外補應開各缺應以接到部文之日作為開缺其本部均係隨時知照是以截缺日停止開單知照現查各省之缺有由各部知照本部開缺其有由本籍咨報開缺者不足由本部行文誠恐各處僅知照本部未及行文各省以致補缺遲延應仍照舊制於每月截缺後下月初五日將應行由外揀選知縣外補各缺一併開單知照以防遺漏且有單開各缺如先經各處知照有行文日期可計及接到各處知照其應仍以從前接到本部知照及各部各省知照之日作為開缺日期如有未經各處知照其即以接到此次部文之日作為開缺日期所有應得同治十三年十月二十日截缺各缺相應開單知照今該督撫查照備案補可也

十一月初五日發行

計粘單一紙

欽命總理直隸永定河道李　札

上北廳：
宮保爵閣督憲李　札行同治十三年十一月初十日准

吏部咨開永定河北岸同知張毓先等

謂故休草丁憂各缺開單知照序補等
因到本閣爵部堂准此合行札飭札
到該道即便查照分别辦理此札計
粘抄咨單一紙等因蒙此合行札
飭札到該廳即便知照毋違特札
計粘抄咨單一紙

同治十三年十二月　日

札

現署南岸同知吳廷斌知其無以署理
北岸同知唐成棣業經本司飭令該員
仍回署升知州本任所遺員缺除詳明
該員調署外合亟札飭札到該員立即
遵照迅赴北岸同知調任任事倂將任
卸各日期開摺徑送
備案以憑查本司覆核毋違此札

光緒元年廿月

光緒元

廿

月

日

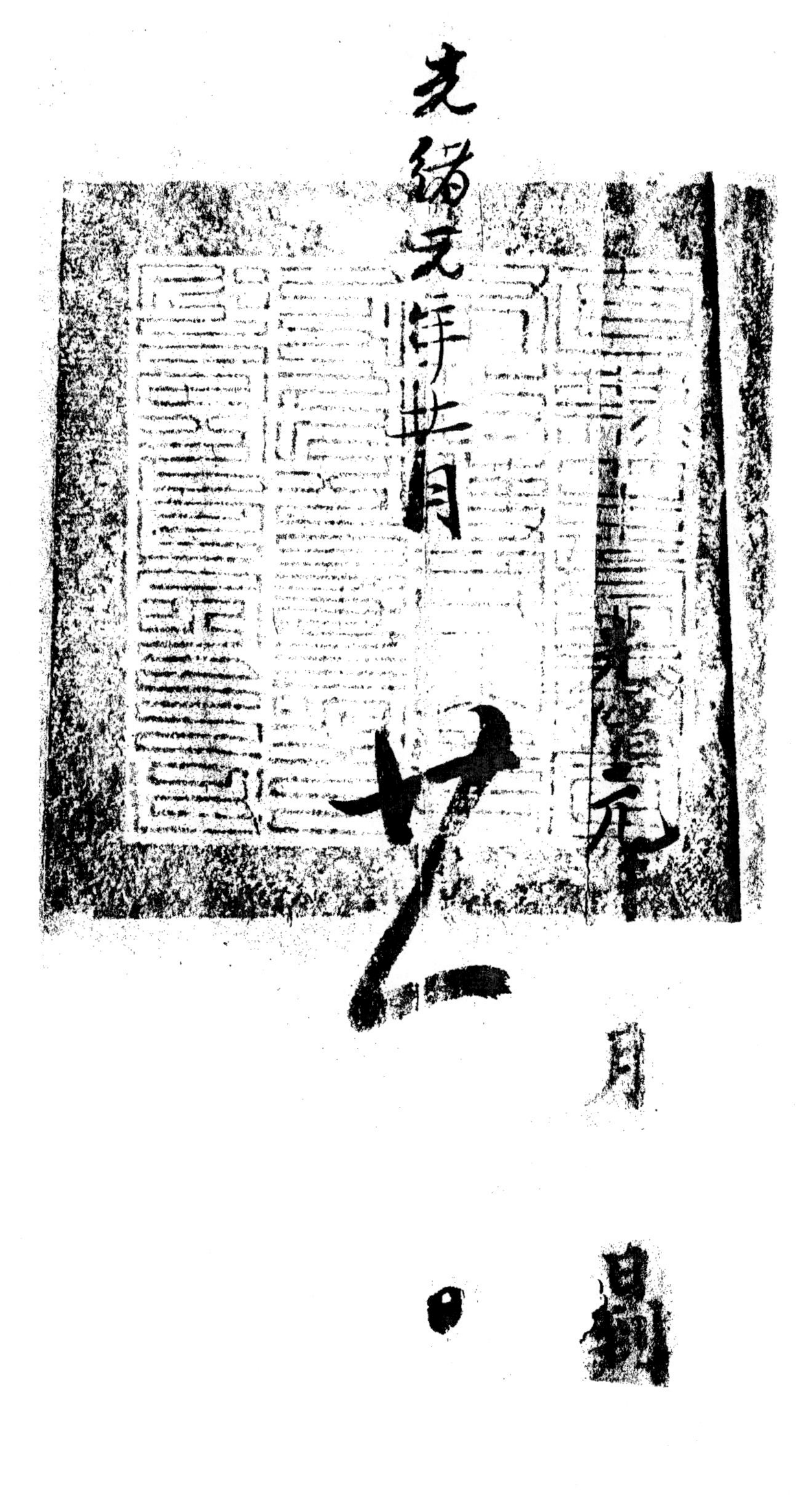

履歷清揭底

運同銜知府用調署永定河北岸同知吴

呈

今

陳

前署北岸同知安州知州唐　於光緒元年十二月初九日交印卸

卑職現年四十歲安徽省涇縣民籍由監生文童於咸豐七年投効

前兩江閣爵督部堂曾　軍營蒙派封幫辦湘營營務是年秋復奉

前安徽撫部院李　調隨同赴援湖北九年蒙

前湖北撫部院胡　札委總辦撫標新仁等營營務十一年克復

孝感德安府縣城池出力案内蒙

前安徽撫部院李
前湖廣閣爵督部堂官
前江寧將軍多
會保於咸豐十一年十二月初一日内閣奉

上諭吳○○着以從九品不論雙單月遇缺即選並賞戴藍翎欽此同治元年蒙

前湖北撫部院李　札委管帶撫標營勇旋赴河南信陽州等處

攻剿捻匪是年奉

前兩江閣爵督部堂曾　札調赴安徽防剿皖南等處援賊保守

涇縣南陵祁門等處各城池三年皖南軍務已經稟請遣散清

結經手事件離營六年遵湖北籌餉例加捐以同知不論雙單月

是年遵安徽籌餉例報捐以府經歷選用月分四年

選用並加運同銜七年蒙

前湖北撫部院何　札委辦理釐金專局九年蒙

閣爵督部堂李　札委隨營赴陝當差是年冬復隨同來直蒙

閣爵督部堂李　委辦天津工程局提調十年十一年迭蒙

閣爵督部堂李　札委襄辦永定河大工先後蒙保

奏於北下汛十七號合龍案內同治十一年九月十九日內閣奉
上諭吳〇〇着賞換花翎欽此於石隄五號合龍案內同治十一年十一月十八
日奉
旨吳〇〇着以同知留於北河歸試用班前先補用欽此同治十二年十一月稟蒙
閣爵督部堂李　給咨赴部十二月初十日由
吏部帶領引
見分發到省蒙

閣爵督部堂李　派分永定河道於同治十三年正月十四日到工

仍留辦天津工程局提調差使光緒元年委署永定河南

岸同知二月十五日接印任事復蒙札委調署今職遵於

十二月初九日交卸南岸同知事務即於是日到任接印任

事須至履歷揭帖者

光緒元年十二月　　日

運同銜
知府用調署永定河北岸同知吳（正寫）為呈報到任日期事。

案蒙

藩司
憲台札委調署今職，遵即於十二月初九日到任接印任事，交卸南岸同知事務即於是日。除繕具履歷職揭申

藩憲送本道察轉外，所有到任日期，理合具文繕揭呈報

憲台俯賜查核，察轉。除報

督憲
藩憲外，為此云云。照驗。

計呈送清揭四扣

右　　　　　　呈

督　　憲　　李

藩　　憲　　孫

本道　憲　　李

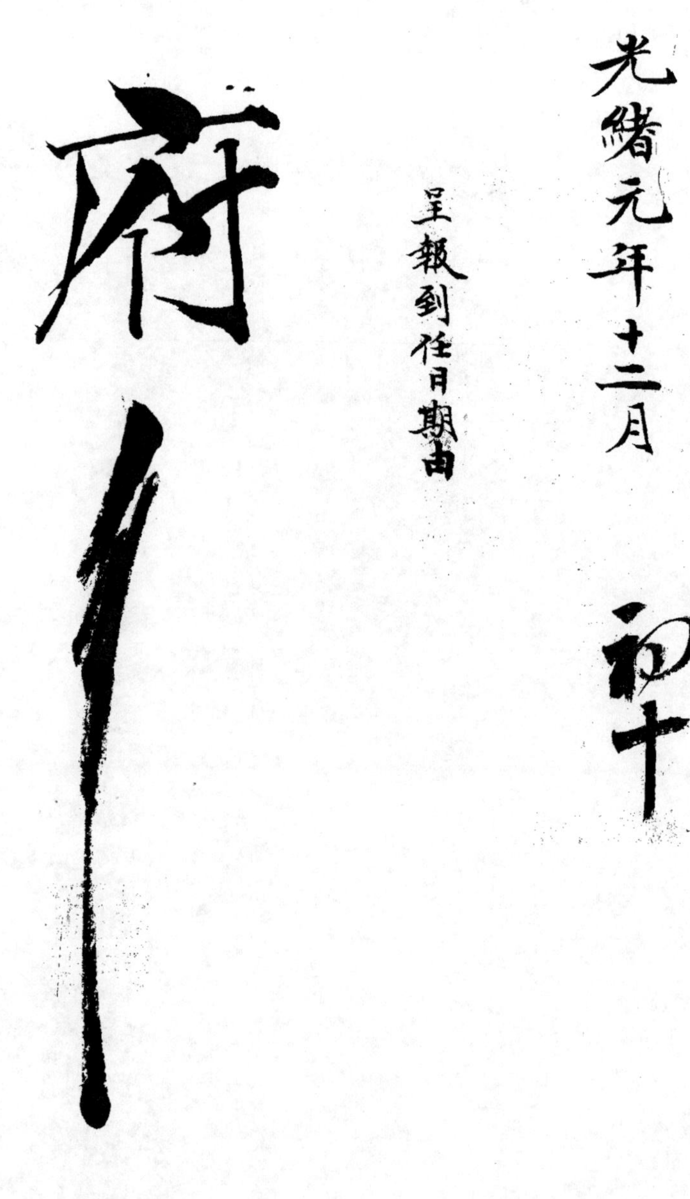

光緒元年十二月初十日

呈報到任日期由

府

現署北岸同知吳廷斌知悉光緒二年四月十八日蒙
督憲李　札開本年四月初四日准
吏部咨覆永定河北岸同知張毓先調任遺
缺准以勞績試用班前先補用同知吳廷斌署
理等因到本閣爵部堂准此合行札飭札到
該司即轉行知照仍照例試署期滿果能勝
任詳請保題實授至此件部文係坐三月二十

五日並即知照此札等因到司蒙此查該員業

經於本年明先赴巴里呈報

督憲前因除分咨

外合亟札飭札到該員即遵照仍將奉文任事

日期開摺呈由河道移送

督憲核咨並報本司查核毋違此札

計黏抄咨一紙

光緒二年五月　　日

光緒九年堵築南五漫口大工尤爲出力擬請敘獎各員履歷册底

知縣用試用縣丞蔣繼忠年四十歲浙江餘姚縣人由監生同治八年遵

例報捐縣丞指分北河試用九月二十八日到工光緒六年因協防三汛

安瀾案內保俟補缺後以知縣用十一月十九日奉

旨依議欽此須至履歷者

道員用候補知府北岸同知張起鵬現年五十三歲浙江秀水縣監生

由提舉銜報捐通判分指北河光緒三年四月二十五日到工是年海運

案内保俟補缺後以同知用旋遵例在江蘇滇捐局報捐免補本

班以同知仍留北河歸先儘班儘先補用旋於晉賑捐運案内保俟

補缺後以知府用經

吏部核准覆奏六年十一月二十七日奉

旨依議欽此奏署北岸同知八年十二月初六日試署期滿題請實授十

一年防護大汛安瀾案内保俟補知府後以道員用經

吏部核准覆奏十二月初四日奉

旨依議欽此須至縣歷者

知縣用試用縣丞劉延科年四十二歲浙江紹興府山陰縣人由監生遵例

報捐縣丞分指北河試用光緒元年八月十六日到工四年北六合龍案内

保奏十二月二十五日奉

旨著俟補缺後以知縣用欽此須至履歷者

照抄親供和息甘結及會詳稿一併
交南峰廳存留備案

抄親供

具親供北岸三工涿州州判調署北岸六工霸州州判邱兆焜為查案據寔親供事、竊查永
定河辦料章程、向係上年冬間、預為購辦、以備是年凌汛搶修、動用如二十一年歲防
之樁料、應於二十年冬間、詳蒙
道憲先發七成價銀、由汛員領回、原封發交該汛外委百總等承辦、即照
道憲批准數目、均於年前採買堆齊、聽候驗收、其尾閱三成、須俟
道憲驗收後、方能找發清楚、亦由汛員具領轉發外委百總等查收辦理、是以每年
購辦歲防樁料、各汛員僅有監視之責成、而無經手支發之權、是以料價之盈絀、汛
員概不預聞、不特各汛皆然、並且歷辦有年、卑職前蒙調署南四工篆務、係於光緒二

十一年三月接印任事所有是年歲防樁料業經卑前任陳汛員任内於二十年冬間飭令辦齊其料價七成銀兩亦經陳汛員具領轉發稟蒙驗收有案惟尾閣三成價銀一千二百餘兩係由卑職代領當將原封照章轉發該汛百總王兆濱領訖彼時該百總以節年辦料賠累以致虧欠料户錢文所領之款不敷清還懇求卑職轉稟前道憲萬俯准預借銀五百兩由下届防料項下分年扣還亦即如數發交該百總之手以資還帳卑職因樁料交發拔買向不由汛員經手且其所欠帳目係屬王兆濱私虧故其買料給價及如何歸還舊欠一切細数既與卑職公事無涉亦即不便過問迨至二十一年冬季又應預辦二十二年歲防樁料卑職查知該百總積欠甚鉅恐其挪用料價關係匪輕遂稟蒙

道憲允准立案明定章程將所領椿料價銀原封存於固安縣殷寔錢鋪仍由該
汛百總外委等經手採買一俟椿料運到查點清楚如數照價開條赴鋪支取現錢絲
毫不欠並不准該百總等稍為挪用須俟椿料辦齊倘有盈餘方准歸還舊債 卑職
尤慮該百總虧累已深若不稍為歸還誠恐村民藉口採買難艱又復竭力設法
前後代借銀七百九十五兩令其稍清積欠以免料戶觀望衆料戶始各踴躍歡騰
辦較速此皆慎重要工起見用以保全公事待至三閱料價發出該百總將銀易錢開發料
價此項代借之款未能歸結亦經 卑職 稟明
道憲暨

前南岸廳憲夏當蒙批准分年扣還至今仍未歸清

憲轅有卷可查至該百總王兆濵等於二十年冬間購買二十一年歲防椿料究竟有無該欠張九園錢文以及是否張九園作保卑職既未到任又未經手焉能知其底細前據該生張九園以王兆濵欠伊料價錢文禀經卑職許為三閏領出歸還等情赴

道轅攔輿稟

憲臺會同

固安縣堂臺訊明已故百總王兆濵雖欠張九園料價錢文而其所稱卑職許為三閏歸還一節並無其事當堂斷結詳蒙

道憲照准批銷在案、茲據該生張九圍又以前情赴

都察院控告、竟將已故百總王兆濱與伊買賣交易積欠錢文、硬賴卑職吞使、砌詞

妄控、未免血口噴人、意存訛詐、向來買料給價均歸外辦、卑職領銀轉發、不過一

轉手而已、何能從中吞使、況卑職因王兆濱虧深累重、恐日後辦料為難、尚且為其設

法籌欵、使之還帳、即此一端、則卑職之不能吞使與夫不忍吞使情形、自可

洞明燭照、不待辯而自晰矣、至王兆濱病故後、卑職僅據外妾馮玉山等呈出王兆濱

親筆帳目一分、此外並無片紙隻字、卑職查閱帳本、列有虧欠各戶姓名錢文數目、

然帳內竟無張九圍之名。因該官人虧欠甚多，故將此帳存署，列入移交。至今仍

由南四工存卷。該生謂卑職匿帳不見，又屬于虛揑之。此案曾蒙

憲臺會同

固安縣堂臺訊明斷結詳覆

道憲有案。該生現在京控情節，核與前控稍有不符，足見該生任意黑白，顯然易明。

既經該生呈控，惟祈

查案訊斷，虛寔立辦。所具親供是寔。

抄鄧玉和等和息、併甘結、

具稟外委鄧玉和、文生鄧振聲、王杏春

稟爲懇恳銷案事、竊南岸四工王兆濱因辦料拖欠文生九圍所保錢

文一案、已蒙堂訊、王兆濱業已病故、伊姪王錫蝦承嗣、九圍與王錫蝦

本係至親、外委文生等亦與兩造均係至交、因不忍坐視、遂同兩

造據理調處、所欠九圍錢文九百七十四千、除利錢外、下欠六百

三十二千、今王錫蝦交還三百千、以了此帳、當下現兑錢文二百千、下剩一百千、以歸南岸四工公帳、屢年代銷、兩造亦皆允服、日後並不返悔、為此稟明

仁明大老爺恩准免究、外委文生等則感大德於無極矣、

具甘結訴人文生九圍今於

與甘結事、依奉結得身控不給料價等情一案、今蒙訊明、現據鄧玉知等出為理結、生業已允服、在王錫蝦名下、措現錢二百千、付給生手、開銷衆料戶賬目、又付一百千、由 南四工公賬項下、每年代銷、已蒙諭飭外委馮玉山等知照、自此永斷葛藤、情甘具結

存案、是實、

具甘結旗人文生九圃今於

與甘結事、依奉結得生係廂藍旗滿洲三甲喇彭志佐領下、由光緒五年入學、住固安縣城南二十五里南義亭村、情愿出結、以憑詳覆、是實、

具甘結外委馮玉山、楊占雄今於

與甘結事、依奉結得今蒙訊明、現據鄧玉和等出為理結、九圃業經允服、在字識王錫嘏名下、措現錢二百千、付給九圃開銷衆

料户賬目又付一百千由　南四工公賬項下每年代銷㷀諭戢知
照永斷葛藤具結存案是實

具甘結說合人鄧玉和王杏春鄧振聲今於
與甘結事依奉結得今蒙訊明旂人九圍所控不給料價
之案經身等出為理結九圍業經允服在王錫蝦名下措現錢
二百千付給九圍開銷衆料户賬目又付一百千由　南四工公帳
項下每年代銷已諭飭外委馮玉山等知照自此永斷葛藤情
愿具結存案是實

具甘結字識王錫嘏今於

與甘結事。依奉結得今蒙訊明，現經鄧玉和、王杏春、鄧振聲

等出爲理結，九園業經允服。在身名下措現錢二百千，付給九園

開銷衆料戶賬目，又付一百吊，由南四工公賬項下每年代

銷。已諭令外委馮玉山等知照，自此永斷葛藤，情愿具結存

案。是寔。

光緒二十四年十月十六日

批

欽命二品頂戴總理直隸永定河道陳

據詳已悉，候據情轉詳

都察院俟奉到批示，另行飭遵。此繳

原卷歸檔，原呈甘結呈繳

十九日

光緒二十四年十月 二十二

日到

詳奉飭會審文生九圖控已故百總王兆濱拖欠料價一案請息銷案並查明該原告寄居情形稿

南岸廳
固安縣為會詳轉請銷案事、光緒二十四年六月初五日、蒙
憲台札開、本年六月初三日、蒙
都察院劉行、據文生九圍遣抱張作霖以久欠累民等詞、赴院呈訴云
云、切切特札、計札發
副呈甘結各一紙、仍繳、原告九圍一名等因、蒙此、遵將該原告查收取保候訊、隨飭取該卯汛
員親供、並移提南四工百總馮玉山等去後、嗣據調署北六霸州州判卯、移具親供、為查案據
寔親供事云
云、查案歷寔立辦、所具親供是寔、並准南四工固安縣丞以奉提詞証馮玉山

等、因大汛期內、防守責專、容俟安瀾、移解等情、牒覆前來、迨至八月二十二日、王錫嘏甫
經到案、九月十七日、始據馮玉山等遵傳投審、卑職等屢經提訊、兩造供詞各執、訊據該
原告九圍供、稱文生、是廂藍旂滿洲三甲喇彭志佐領下屯居旂人、自乾隆五十八年、由易州
移寓案下、城南二十五里南義厚村、已經七代、由光緒五年、蒙徐大宗師取進入學、王兆濱
短欠文生料價、除收下欠六百三十二吊文、因無力墊述、總行上控等語、提訊馮玉山楊占雄則
謂王兆濱故後、伊等始行接辦、前事寔不知情、據王錫嘏供、係王兆濱胞姪、為之承嗣、王兆濱

在日積累甚多，至欠九圍料價，實不知其確數，不敢妄供。再三令其清算細賬，兩造均难指實。卑職等因無憑核斷，婉言勸導，令其自邀中人理明，以免久纏訟累。嗣據外委鄧玉和、文生鄧振聲、王啓春稟，為懇請銷案事云云。為此稟明，恩准免究，則感大德於無極矣。等情。據此，卑職等尚恐案有反復，不能永斷葛藤，遂將全案人證並和息人鄧玉和等提至當堂逐加詳訊，兩造實係均願了結，不致再行涉訟。至所控卯汛員侵蝕幫銀一節，現據所具親供，實無其事，應請勿庸置議。九圍妄控汛官，本屬不合，究因王兆濱已亡，卯汛員不冒被逼情急

懷疑所致、亦請免其坐誣、除取具兩造、並中人甘結、存案候示外、所有此案訊明息結暨該原告因何寄居各緣由、擬合具文會同詳覆

憲台查核批示、俯賜將原卷、及原呈甘結查收、分別歸檔呈繳、並請轉詳

都察院憲、准予銷案、寔為公便、為此備由另冊具呈、伏乞

照詳施行、

計呈繳、

原卷一宗

原呈一紙

甘結一紙

一　詳

永定河道憲

光緒二十四年十月十四日酉刻房承

南岸廳唐

正堂王

行

稽照簿

户庫禮房承

光緒叁拾年陸月　　日

道

一件曉諭事曉諭上任日期由

六月廿四日

一告示

一件札飭查放急撫己由固安縣高令稟明飭派應行知該員等無庸再往由

札候補州判朱瀚
主簿胡元熙
馬慶棠
李學勤

六月廿[illegible]日

一件札委摠辦急賑以資督率由

札另補府李守

一件札飭隨同李守妥為照料急賑事宜由

札南路廳

一札飭將文存錢文解乾派役小心看管由

札盧溝司劉汛員

六月廿八日

一件咨報事 咨呈報收到撥發永定河工撫銀三萬兩由

呈督憲

咨賑撫總局

一件曉諭事 出示曉諭查放急賑由

六月廿九日

一告示

一件咨領事 咨請找領本年添撥歲修銀兩由

咨藩司

一件札委找領本年添撥歲修銀二萬兩由

札　署南八工主簿德潤
　　試用主簿胡元熙

一件咨領事咨請找領備防秸料並加增運腳暨減平銀兩由

咨　藩司

一件札委赴司找領備防並加增運腳暨六分平銀兩由

七月　二　日

札　署南八工主簿德潤
　　試用主簿胡元熙

一批稟報查辦急賑日期由

一月　初四日

批　另補府李守

化委密查二處口門外被灾村庄情形由

七月　　　日

札候補州判朱瀚
　　巡檢李嘉瑞

一件咨呈報事　咨呈報收到本年歲修加額銀兩由

呈督憲
咨藩司

一件咨呈報事　咨呈報收到二十九年歲修加額銀兩由

七月初七日

呈督憲
咨藩司

一件詳請事詳請咨催南省兩淮欠撥本年歲防樁料銀五千兩由

七月　十二　日　詳督憲

一件批會稟移局落堡以便災黎領賑由

七月　日　批補用知府李守　南路同知吳丞

一件呈咨報事︰詳收到本年歲修加額銀兩數目日期由

呈督憲
咨藩司

一件詳咨報事︰詳收到本年備防稭料並加增運腳銀兩數目日期由

詳督憲
咨藩司

一件咨覆事 咨覆散放急賑現由賑款銀内動支解到制錢未經動用運回歸款由

咨賑撫總局

一件札飭知速將賑款錢文解赴天津點交賑撫局由

札另補府李守
長蘆遇缺先補用盐課大使陸培餘

一件咨覆事 咨覆接到皇太后七旬萬壽寶詔謄黃由

咨藩司

一件札行轉頒皇太后七旬萬壽寶詔謄黃由

札五廳

七月廿二日

一件咨覆事 咨覆良鄉等處被灾村莊早經劉牧散放竣事自無庸再行委員查勘由

七月 廿四 日 咨賑撫總局

一件批稟請撥發運赴車站脚行裝車並短數錢文銀兩由

七月 廿六 日 批遇缺先補用鹽大使陸培餘

一件咨覆事 咨覆良鄉被灾村莊派員查放急賑由

八月 初二 日 咨賑撫總局

一件咨領事咨請找領本年備防秸料並六分平土銀兩由

咨藩司

一件札委赴司找領欠發本年備防秸料並加增運脚銀兩由

札候補主簿王喬年

一件咨會具稟遵飭查放急賑情形奉院批由

咨賑撫總局

八月初八日

一件咨詢事咨詢將提發庫款作何開支分晰見覆由

咨正任永定河道衙

八月十六日

一件咨領事　咨領本年秋季兵餉等銀由

咨　藩　司

一件咨領事　咨領本年秋季石景山外委馬粮銀兩由

咨　藩　司

一件咨領事　咨領本年秋季武職俸薪等銀由

咨　藩　司

一件咨領事　咨領本年秋季武職養廉銀兩由

咨　藩　司

一件札委赴司請領本年秋季兵餉等銀由

札經制外委卜德勝

八月十六日

一件札委赴轅住宿公廨防庫由

札北岸千總魏和

一件札委來轅住宿公廨防庫由

札北岸協備親兵哨官李錫祉
額外外委親兵哨長張鵬

八月十六日

一件呈報咨解籌撥永定河安設電線經費銀兩由

呈督憲
咨電報局

一件札委會辦安設電線經費銀兩赴電報局投納由

八月　廿五　日

札候補州判方煥源

一件咨呈報收到本年兩淮奉撥備防秸料下一半經費銀數日期由

呈督憲

咨藩司

一件呈咨報收到委解堵築北下大工銀兩數目日期由

呈督憲

咨賑撫局

八月　廿九　日

一件批稟奉委解錢至津銷差並繳護牌車票由

批補用長蘆鹽大使陸培餘等

一件札飭赴津領解大工經費銀兩往來催趲由

札候補府經歷李保成

九月　日

一件札飭會同履勘良邑窪上等村庄秋禾被水村莊實歉分數並送清摺由

札西路廳良鄉縣

九月　日

一件咨領扣存固安駐防營欠款銀兩由

咨霸昌道

一件札委速赴霄昌道請領駐防餉欠款銀兩由

九月 [illegible] 札額外外委龐景祥

一件請將移交簡明交代冊更正由

九月 十三日 移正任永定河道衛

一件詳請事詳送請領光緒三十一年搶修銀兩冊稿由

詳 督憲

一件詳請給咨委員赴部請領光緒三十一年搶修銀兩由

詳 督憲

一件稟爲援案請飭司撥發來年歲搶修銀兩由

稟督憲

一件咨呈報收到續撥大工經費銀十萬兩由

呈督憲
咨運司

九月十七日

一件咨呈報收到本年秋季兵餉馬乾並武職廉俸銀兩由

呈督憲
咨藩司

九月二十日

一件批南路廳東安縣會稟履勘東安縣被水情形核計災歉出示緩征並蠲緩糧租地畝銀數清摺由

批南路廳
東安縣

一九行轉飭欽遵封開印信日期由

九月　廿二　日

札都司　五歷

一件詳請飭司會照案提前撥發添撥歲修銀兩由

九月　廿二　日

詳督憲

咨藩司

一詳報咨送事　詳報咨送散放北下南二南四等汛漫口被災村庄急賑銀兩數目由

九月　廿三　日

詳督憲

咨賑撫總局

一件呈報咨收到截發北下大工經費銀兩數目日期由

九月　廿六　日

呈督憲

咨賑撫總局

一件詳送事詳送接收衛前道移送收發過歲搶修等銀交代冊結由

詳督憲

九月 廿五 日

一件咨送南[illegible]各等村[illegible]災户口清冊由

咨賑撫總局

十月 初八 日

一件咨覆收到領解扣存駐防營欠款銀両由

咨霸昌道

一件札委赴部請領來年歲搶修銀両由

札試用通判萬鍾彝

十月 初八 日

一件咨領事咨領借撥來年歲搶修銀四萬兩由

咨藩司

一件札委赴司請領借撥來年歲搶修銀兩由

札候補通判王運昌
候補縣丞湯錫彝
陸炳勛
何乃鎣

一件諭飭速赴南七工趙家樓收取香火租銀兩由

諭經制外委卜德勝

十月十三日

一件咨領事咨領善後工程銀一萬兩由

咨賑撫局

一件札委赴賑撫局請領善後工程銀一萬兩由

札補用主簿李兆年

一件札催迅速將欠解本節年各項地租銀兩掃數批解由

札霸州、宛平、良鄉、固安、永清、東安、武清州縣

一件札委監放本年秋季兵餉等銀由

札固安縣

十月十二日

一件札飭來轅任宿公廨防庫由

札署北岸千總魏和

一件札飭多派兵夫來轅防庫由

札

固安縣

守偹

協

城守營

一件咨領事委員咨領來年添撥歲修銀四萬兩由

咨

藩司

一件札委赴司請領來年添撥歲修銀四萬兩由

札

候補通判萬鍾彝

候補縣丞王養年

吳澍棠

候補主簿馬慶棠

十月十五日

一件札飭欠解石景山廳民壯工食銀兩由

札

永清縣

肅寧縣

寧津縣

一件札飭派役守提民壮工食銀兩由

札石景山廳文丞一

一件札催迅將欠解南七工柳隙地租銀兩掃數批解由

札霸州

十月 廿七 日

一件詳報事詳報本歲年定用搶修銀數由

詳督憲

一件轉詳事據情轉詳 奏請三十一年歲搶修秸料加增運脚銀兩由

十一月 初一 日 詳督憲

一件批石景山廳呈請學堂煤炭銀兩由

批石景山廳文丞

一件札催速將該前縣王令等挪借庫款銀兩刻日申解由

札固安縣

十一月　　日

一件呈報收到稟請撥發善後工程銀兩數目日期由

呈督憲
咨賑撫局

一件呈報咨覆收到借撥光緒三十一年歲搶修銀四萬兩由

十一月　　日

呈督憲
咨藩司

一件呈報咨覆收到來年加撥歲修銀兩日期由

呈督憲

咨藩司

一件曉諭冬至令節至期一體行禮由

一告示

十一月初七日

一件咨領三十年冬季兵餉等銀由

咨藩司

一件咨領三十年冬季石景山外委馬粮銀兩由

咨藩司

一件咨領三十年冬季武職俸薪等銀由

咨藩司

一件咨領三十年冬季武職養廉銀兩由

咨藩司

一件札委赴司請領三十年冬季兵餉等銀兩由

札額外外委劉寶賢
額外外委桑澤鈞

一件呈解光緒三十年院飯銀兩由

呈督憲

一件呈觧光緒三十年四季河務房續增飯食銀兩由

呈

督憲

一件呈觧三十年河務房書吏防汛飯食銀兩由

呈

督憲

一件呈觧三十年河務房年賞銀兩由

呈

督憲

一件札委呈觧三十年院飯等項銀兩由

札

額外外委劉寶賢

額外外委桑澤鈞

一件批呈請賸米還倉由

批北三工劉汛員
南四工劉汛員

一件批呈請改用兩圈由

批北三工劉汛員
南四工劉汛員

十一月十七日

一件批北三工劉汛員為龍王廟租錢生息呈請立案由

批北三工劉汛員

一件批詳送三十年被水成災五分蠲免緩征河淤等租銀數冊結由

批永清縣

十一月十七日

一件咨詢前石隄節存發商生息現起息若干見覆由

十一月　廿二　日　咨藩司

一件札催赶將三十年挪隊除夫各項租銀刻日申解由

十一月　廿四　日　札北乂工盧汛員

一件札飭查明將軍廟起火被燒緣由據寔稟覆由

十一月　卅　日　札三角淀廳

一件札發小學堂課卷評定超特以資獎賞由

札石景山廳

十二月 初二 日

一件咨會借支固安駐防營兵餉銀兩照案扣存咨領由

咨通永道

十二月 初三 日

一件咨送固安縣散放被災村庄加接貧民戶口清冊由

咨賑撫局

十二月 初四 日

一件禀會同委員查明各災村庄放加放貧民戶口並送清冊由

批固安縣

一件札飭赶將欠解各項地租銀兩點交委員提解由

札永清、東安、武清縣

一件札委守提三縣地租銀兩由

札候補縣丞章晉墀、凌先培

一件札飭嚴催該紳商等趕將認償支用洋兵銀兩按季呈繳由

札固安縣

十二月 日

一件咨請找領來年加撥銀二萬兩由

咨藩司

一件札委赴司請領來年加撥銀二萬兩由

十二月初六日

札候補通判萬鍾彝
署南匯上汛王養年
候補縣丞吳澍棠
候補主簿馬慶棠

一件札飭小學堂十二月分課卷評定等第由

札石景山廳

一件批具禀懇恩催脩膳並辭來年之館由

十二月初七日

批東廟義學館師鄭聘卿

一件呈解事　呈解光緒三十年添撥歲修院飯銀兩由

呈
督
憲

一件札委呈解添撥歲修院飯銀兩由

十二月　初九　日

札委候補通判萬鍾彝等

一件札委監放本年冬季兵餉由

十二月　初十　日

札委固安縣高令

一件札飭多派兵夫來轅防庫由

札固安縣守備
協守城守營

一件札飭來轅住宿公廨防庫由

十二月　日

札署北岸千總魏和

一件咨呈報收到本年冬季兵餉馬乾武職廉俸銀數日期由

十二月　日

呈督憲
咨藩司

一件批遵查南五工將軍廟被災情形擬寔詳覆由

批三角淀廳

十二月十六日

一件詳報事詳報任内經手收發河庫錢粮銀兩數目清冊由

詳督憲

一件移送事委員移送關防併 勅書由

移兼護永定河道程

一件移送事移送庫存各款簡明清冊並庫鑰由

移兼護永定河道程

一件移送事移送儲備倉存儲米谷銀錢數目由

移兼護永定河道程

十二月

日

一件委員呈移關防併勅書由

呈移新任永定河道張

一件呈移庫存各款簡明清冊並庫鑰由

呈移新任永定河道張

一件呈移儲倫倉收發数目由

呈移新任永定河道張

十二月廿三日

張大人任内

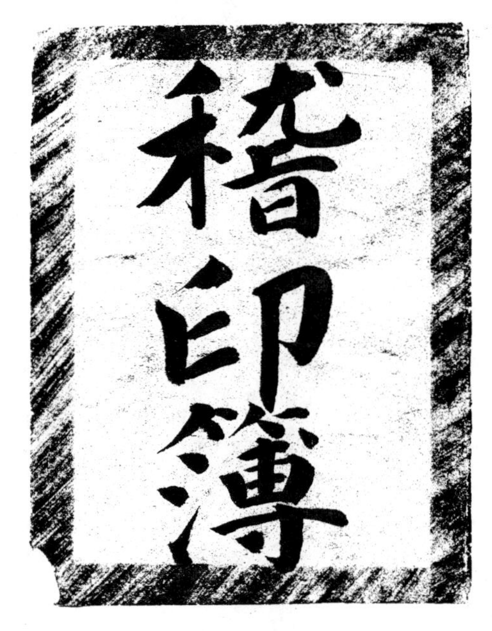

光緒叁拾年拾貳月

日

道

一件曉諭事曉諭工任日期由

十二月 廿六

一件曉諭事曉諭元旦令節行禮由

一件札飭頒發乙巳年時憲書由

十二月 廿九

一件曉諭事曉諭皇后萬壽日期由

六日 一告示

一告示

日 札五廳三營

一告示

正月初六日

一件院札行知試辦直隸公債票酌定章程一摺由

札五廳

正月初八日

一件札飭派撥兵夫來轅防庫由

札固安縣
守備
協
城守營

一件札委來轅住宿防庫由

札北岸千總魏和

正月　日

一件詳送事詳送委員赴部請領光緒三十一年歲修銀兩冊稿由

詳督憲

一件詳請事詳請給咨委員赴部請領光緒三十一年歲修銀兩由

詳督憲

一件禀請事禀請籌撥本年歲修銀兩由

禀督憲

一件咨呈報事咨呈報收到委領光緒三十一年加撥歲修銀二萬兩由

呈督憲

日咨藩司

二月

一件批禀請仍復小學堂監督以專責成由

批石景山廳

一件札委認真監督小學堂一切事宜由

札試用縣丞張遇長

二月　　日

一件札飭轉行院札勸辦捐資承修京師昭忠祠工程奉　旨由

札五廳
都司

二月　　日

一件咨領事　咨領本年春季兵餉等銀由

咨藩司

一件咨領事　咨領本年春季石景山外委馬粮銀兩由

咨藩司

一件咨領事咨領本年春季武職俸薪等銀由

咨藩司

一件咨領事咨領本年春季武職養廉銀兩由

咨藩司

一件札委赴司咨領本年春季兵餉等銀由

札額外外委劉寶賢錢保瀾

二月　日

一件咨請事咨請飭催各州縣發商生息銀兩由

咨藩司

一件咨領事　委員咨領本年歲搶修等項銀兩由

咨藩司

一件咨領事　委員咨領本年歲款內扣六分部平銀兩由

咨藩司

一件札委赴司咨領本年歲搶修並六分平等項銀兩由

札候補知縣德潤
縣丞何乃鎣
黃式圻
楊文孝

一件咨領事　咨領復額案內奏准留抵歲解南河銀兩由

咨長蘆運司

一件札委請領奏准留抵歲解南河銀兩由

札補用州判易顯璜

一件札委赴部請領三十一年歲修銀兩由

札試用通判萬鍾彝

一件咨領事咨領堵築北下大工經費水利部飯銷費銀兩由

咨賑撫局

一件札委迅即請領堵築北下大工經費水利部飯銷費銀兩由

札北岸千總魏和

一件咨領事咨領修設德律風經費銀兩由

咨賑撫局

一件札委赴賑撫局請領德律風經費銀兩由

札北岸千總魏和

二月　　日

一件詳送事詳送接收毛前道移送收發過歲槍修等項銀兩交代册結由

詳督憲

三月　　日

一件呈報咨覆收到運庫留抵歲解南河銀兩由

呈督憲
咨運司

一件咨請找領歲搶修等項銀兩由

三月　　日

咨藩司

一件咨呈報領到上年辦理北下等汛水旱填禦渠水等工永銀兩由

呈督憲
咨賑撫總局

一件咨報領到復設北岸德律風經費銀四千兩由

咨賑撫總局

一件咨請飭領復設北岸德律風經費銀兩由

咨賑撫總局

一件札委赴賑撫局飭領復設北岸德律風經費銀兩由

札額外外委王永立

一件咨領籌撥本年春工兵飯銀兩由

咨賑撫總局

一件札委赴賑撫局請領本年春工兵飯銀兩由

札額外外委王永立

一件札委監放本年春季兵餉馬乾等項銀兩由

日札固安縣高令

三月

一件呈明事呈明委解歲搶修備防工程工部飯食起程日期先行呈報由

呈都察院大堂

一件呈明事呈明委解歲搶修等項工程工部飯食銀兩起程日期由

呈都察院大堂

一件呈明事呈明委員赴解歲搶修等項工程部飯守候批迴由

呈都察院大堂

一件批解事批解嵗搶修備防秸料工程並六分平水利飯食銀兩由

呈工部大堂

工科大堂

一件呈報事呈報批解嵗搶修備防秸料工程並六分平水利飯食銀兩由

呈陝西道

一件札委事札委赴部批解嵗搶修備防秸料並六分平水利飯食銀兩由

札

一件咨呈報事咨呈報委員批解過嵗搶修等項工程部飯銀兩由

呈督憲

咨藩司

三月　日

一件札飭備領來轅請領兵飯銀兩由

札五廳

三月　　日

一件呈咨報收到本年春季兵餉馬乾武職養俸銀數日期由

呈督憲
咨藩司

四月　　日

一件呈咨報事　呈咨報先後領到本年歲搶修備防等項共銀二萬兩由

呈督憲
咨藩司

一件呈咨報事　呈咨報委弁領到補設北岸各汛南七一汛德律風經費銀兩由

呈督憲
咨賑撫局

一件呈咨報事　呈報收到撥發本年春工兵餉銀兩由

呈督憲
咨賑撫局

一件移解事　移解永定河本年官報銀兩由

移官報總局

一件批轉報西廟僧人病故懇請賣發伊徒住持執照由

批南岸廳

一件給發　西惠濟廟住持僧人永暉執照由

右照給西惠濟庙住持僧人永暉准此

一件委員移送關防併　勅書由

移新任永定河道

一件移送庫存各款簡明清册并庫鑰由

移新任永定河道

一件移送儲備倉存儲未谷銀錢數目由

移新任永定河道

四月　　　　日

稽印簿

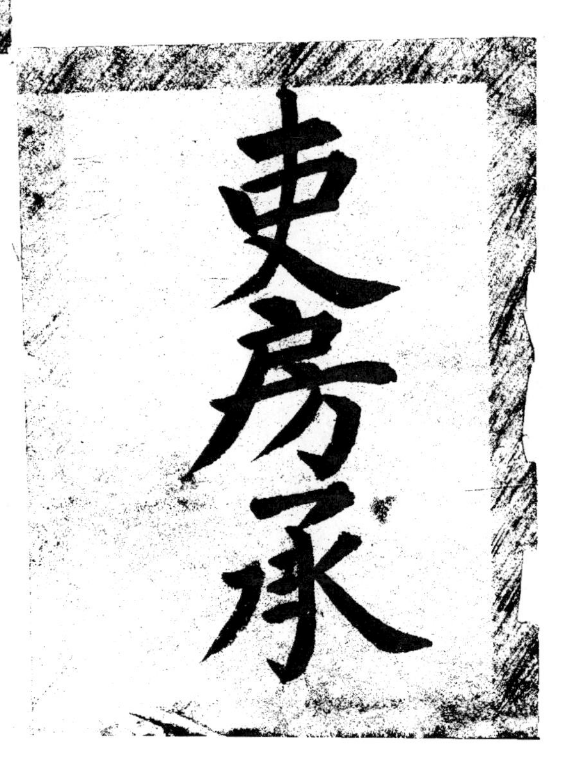

光緒叁拾壹年玖月　　日

道

一件呈報事呈報職道到任日期由

一件移會事移會本道到任日期由

一件札知本道上任日期由

九月 十一 日

一件詳送事詳送本職道到任日期履歷職揭由

呈 督憲

咨 三 七 道司

札 五 三 廳 營 沿河八州縣

詳 督憲 一

咨 藩司

九月 十二 日

一件詳請事 詳送北下大工保舉內試用縣丞金復生履歷請咨部驗明註冊由

詳 督憲

批 試用縣丞金復生

一件札知上年北下大工合龍出力請獎各員奉旨由

札 候補知州雷立傳等十員

一件札知北下汎縣丞缺以南八工汎主簿刘兆霖升署奉部覆准由

札 石景山廳

一件札知三角淀通判缺以南上汛州同李樹才升署奉部覆准由

札三角淀廳

九月 十五 日

一件咨呈送事 送河工試用縣丞郭維藩等到工日期履歷冊由

呈督憲

咨藩司

批試用縣丞郭維藩 張景暘

九月 廿 日

一件會詳事 會詳南上汛州同缺以南六工州判李福銘升署由

詳督憲

一件咨送事 送前由會詳

咨藩司

一件呈咨送事 送署北岸頭工中汛武清縣縣丞凌步瀛等到任職揭由

呈 督憲

咨 藩司

一件移會事 移會稟本年初屆安瀾請將尤爲出力各員分別給獎奏 咨摺由

移 藩司 臬司

一件札知前由

札署南三工縣丞鄭其璨等五員

十月 一七二 日

一件呈咨送事 送署盧溝司巡檢章晉墀到任職揭由

呈 督憲

咨 藩司

一件移回事 移回南岸同知缺以靜海州知州沈蓀恒請補會詳由

移 藩司

一件移會事 移会詳請將候補知州方恩培暫留本工差委奉 院批准由

移 藩司

一件札飭詳請將該員暫留本工差委奉 院批准由

札候補知縣方恩培

十月 初四 日

一件移同事　移同南八工主簿缺以先儘班先縣丞楊琛借補會詳由

移藩司

十月　十一　日

一件札知北岸同知缺以試用同知裴錫榮請署奉　部覆准由

札上北廳

一件札知詳送該員捐照請咨部註冊奉　院批由

札試用縣丞金復生

一件札飭上年北下大工出力之候補縣丞曹茂檀等改奬奉　硃批由

札候補縣丞曹茂檀

札准補盧溝司巡檢李兆年

十月　十三　日

一件詳請事 詳請將代理石景山同知萬鍾彝等改爲署理俟示遵行由
詳
督憲

一件咨詳明事 咨詳明升署三角淀通判李樹才等飭赴新任由
詳
督憲
咨
藩司

一件札委速赴三角淀通判等缺任事由
札委新任三角淀通判李樹才
候補縣丞賴定祿

十月十五日

一件咨詳明事 詳明升署北下汎縣丞劉兆霖等飭赴新任由
詳
督憲
咨
藩司

一件札委速赴北岸頭工下汛兗平縣縣丞等缺任事由

札委北三工州判劉兆霖
下汛縣丞李福銘

十月　十六　日

一件札飭陞九行知具來該員請不論班次補缺一片奉硃批由

札試用通判文倅悳

十月　廿　日

一件轉報事轉報試用縣丞郭維藩丁父憂日期由

詳　督憲

咨　藩司

十月　廿四　日

一件批稟請頂補試用通判文悳額缺由

十月 廿五 日

一件詳請事 詳請試用縣丞賴定祿頂補額缺由

批試用同知王大成

詳 督憲

批署南上汛州同賴定祿

十月 廿七 日

一件呈送事 送本年七八九月分河工各員月報冊由

呈 督憲

一件咨呈送事 送署三角涌通判李樹才等到任職揭由

十一月 一[illegible] 日

呈 督憲

咨 藩司

札石景山廳

一件札知北中汛知丞缺以北二下汛五品莫鈞外署奉部覆准由

札五河營都司廳

一件札飭陞札行知本大臣入都與日俄會議東三省事宜委運司代拆代印由

十一月 一初六 日

詳咨督憲藩司

一件咨詳明事詳明升署南三工州判劉爔等飭赴新任由

一件札委速赴南三工州判新任等缺由

十一月初七日

一件詳咨送事 送本年春夏二季分文職各員履歷季報冊由

札委 新任南三工州判劉爔
北七工主簿盧世楷
署北四上汛州同馬慶棠
署南三工州判陳維垣

十一月十二日

一件詳請事 詳請試用縣丞淩先培頂補額缺由

詳督憲
咨藩司

十一月十三日

一件咨會事 咨會代理石景山同知萬鍾彝等奉院批准改爲署理由

詳督憲
批署北中汛縣丞淩先培

一件札知以該員等代理石景山同知各缺奉院批准改爲署理由

咨藩司

札委代理石景山上北廳萬王丞

一件札飭隨札行知具奏該員請不積班次補缺奉准部覆由

札試用通判文倅

十一月十五日

一件札知北四下汛縣丞缺以遇缺先縣丞石柱臣咨署奉部覆准由

札上北廳

一件札知北七工主簿以先儘班先主簿李學勤咨署奉部覆准由

札下北廳

一件札知該員奉部文准其改歸地方補用應交離工分發銀兩由

十一月 廿一 日 札試用縣丞孔憲琨

一件咨會事 咨会院札行知試用縣丞孔憲琨於河工多不相宜改歸地方補用奉部覆准由

十一月 廿四 日 咨藩司

一件札飭院札行知具奏上年北下大工保獎部駁各員請仍照原保給獎奉 硃批由

十一月 廿五 日 札補用直隸州知州劉璠等九員

一件咨呈送事 送北四上汛州同陳維垣等到任職揭由

呈督憲
咨藩司

一件咨會事 咨會院札行知具奏上年北下大工保奬部駁多員請仍照原保給奬奉硃批由

咨藩司

十月 廿六 日

詳督憲

一件詳送事 送本年春季分河工未得缺各員簡明季報冊由

呈督憲
咨藩司

一件咨呈送事 送署南三工州判劉熾等到任職揭由

十月 廿九 日

一件移同事　移同北二下汛主簿缺擬以通流閘閘官潘錫琮咨署會詳由

咨

藩司

十二月　初一　日

一件咨呈送事　送署石景山同知萬鍾夔等改署任事職揭由

咨呈

督憲
藩司

一件咨呈送事　送署北下汛縣丞劉兆霖等到任職揭由

咨呈

督憲
藩司

一件咨送事　送試用縣丞郭維藩丁憂親供由

咨

藩司

一件札發補用知縣金復生報捐執照由

十二月　初二　日　札補用知縣金復生

一件批稟爲無力赴熱仍回本工當差由

十二月　初三　日　批正任北三工州判邱兆琨

一件咨詳明事詳明委員署理南八工主簿缺由

一件札委署理南八工主簿缺由

十二月　初四　日　詳督憲　咨藩司　札委候補主簿陳葆昌

一件詳咨明事 詳明委員署理南六工州判缺由

詳 督憲
咨 藩司

一件札委署理南六工州判缺由

札委候補從九品齊治

十二月 初五 日

一件咨報事 咨報正任北三工州判邱沘焜回工日期由

咨 藩司

十二月 初六 日

一件札飭詳請以該員頂補試用通判文惪額缺奉院批准由

札試用縣丞賴定祿

一件札飭詳請以該員頂補縣丞王錫藩額缺奉院批准由

札試用縣丞凌先培

十二月十六日

一件札飭院札行知南上汎州同缺以南六工州判李福銘升署奉部覆准由

札南岸廳

十二月十七日

一件會詳事 會詳南六工州判缺擬以南下汎縣丞常凌漢升署由

詳督憲

一件咨送事 送前由會詳

咨藩司

十二月十八日

一件咨呈送事　送署南六工州判裔治等到任職揭由　呈　背憲　咨　藩司

一件咨送事　送本年〻終吏役冊由　咨　藩司

十二月十八日

一件呈報事　呈報公出日期由　呈　督憲

一件札委代拆代印由

一件札知南八工主簿缺以先儘班先縣丞楊琛借補奉　部覆准由　札　南岸廳文丞

札三角淀廳

次年正月
十二月
初一 月

一件轉報北河先儘班補用主簿嚴丞炳丁母憂日期由

十二月廿八日

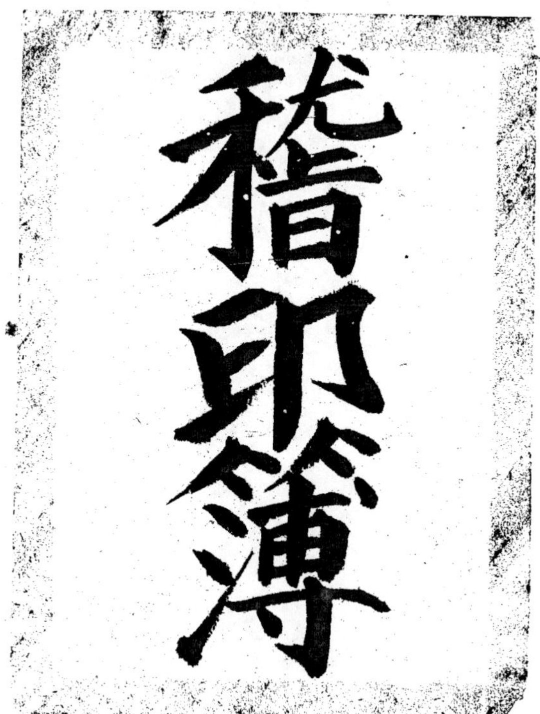
稽印簿

吏房承

光緒叁拾貳年正月　　　日

道

一件呈報事　呈報公司日期由

正月十一日

一件札知北二上汎縣丞缺以南四工縣丞王治安調署奉　部覆准由

呈督憲

札石景山廳

一件札知北下大工保奬部駮各員請仍照原保給奬奉　部覆由

正月十四日

札補用直隸州知州劉璠等九員

一件會詳事　會詳南四工縣丞缺擬以北上汎武清縣縣丞曹廷瑞調署由

詳督憲

一件咨送事 送前由會詳

咨 藩司

一件詳請事 詳請試用縣丞李延禔頂補額缺由

詳 督憲

批試用縣丞李延禔

一件咨會事 咨會北上汛縣丞調缺覆准擬以迴避河西務主簿項壽金卅署由

咨 藩司

正月 十九 日

一件詳覆事 詳覆試用縣丞黃占春原保知縣用之案據由

詳 督憲

批試用縣丞黃占春

正月 廿一

一件批稟代理期滿請另派員接署以重要工而專責成由

批代理南岸同知文惠

正月　廿四　日

一件呈送事　送上年十月至十二月分河工各員月報冊由

呈　督憲

二月　初七　日

一件咨覆事　咨覆石景山同知秩本河現無合例升調人員由

咨　藩司

三月　初八　日

一件詳咨送事　送調署北二工汛縣丞王治安奉文任事日期職揭由

詳　督憲

咨　藩司

一件札知吏部議奏酌擬保舉畫一章程一摺奉 旨由

札五廳

一件札飭院札行知試用縣丞賴定祿等項補額缺奉 部覆准由

札試用縣丞賴定祿 淩先培

二月十四日

一件詳覆事 詳衆灶四上汛豫州州同於道光二十六年奉 部核准添設由

詳督憲

一件札知詳請以該員頂補馬慶棠額缺奉 院批由

二月十九日

札試用縣丞李延禔

一件詳請事　詳請札飭新任南岸同知沈葆恒迅速來工赴任由

詳　督憲

一件札知南岸同知缺以先儘同知靜海縣知縣沈葆恒奏署奏　部覆准由

札南岸廳

二月　廿二　日

一件咨覆事　咨覆移催石景山同知缺本工仍無合例升調人員由

咨　藩司

二月　廿六　日

一件轉報咨明事　轉報試用縣丞施仁病故日期由

呈　督憲

咨　藩司

一件詳請事　詳請試用同知王大成頂補額缺由

二月　廿　日　詳

督憲

批試用同知王大成

一件札知南岸同知缺以靜海縣知縣沈蓀恒奏署奉部覆准由

三月　初四　日

札新任南岸同知沈丞蓀恒

一件札知北二下汛東安縣主簿缺以通流閘官潘錫琮咨署奉部覆准由

三月　初九　日

札上北廳

一件咨詳明事　詳明新任北岸同知裴錫榮赴任由

一件札委速赴北岸同知接印任事由

詳 督憲
咨 藩司

委新任北岸同知裴錫榮

三月十一日

一件札取該員到工日期履歷冊由

札試用同知陳錫祺

三月十二日

一件咨詳明事 詳明北上汛縣丞曹廷瑞與署盧溝司巡檢章晉墀互相調署由

詳 督憲
咨 藩司

一件札委速赴北上汛各缺接印任事由

札委北上汛縣丞曹廷瑞
現署盧溝司巡檢章晉墀

一件札飭院札行知嗣後書寫申詳文件字体放大以便觀覽而杜流弊由

札五廳
都司

一件札飭詳請以該員頂補縣丞施仁額缺奉院批准由

札試用同知王大成

三月十八日

一件呈咨送事 送河工試用同知陳錫祺到工日期履歴冊由

呈督憲
咨藩司
批試用同知陳錫祺

一件批稟為在部呈准借補縣丞呈驗　藩憲札文由

批試用儘先州判易顯璜

三月廿二日

一件詳請事詳請試用同知陳錫祺補頭由

詳督憲

批試用同知陳錫祺

四月初七日

一件咨詳明事詳明委員代理南岸同知缺由

詳督憲

咨藩司

四月十一日

一件札委代理南岸同知缺由

札委試用同知陳錫祺

一件咨送事 送試用通判文惪赴保定巡警學堂肄業由

咨 巡警學堂

批 代理南岸同知文惪

四月 十三 日

一件詳送事 送上年秋季分河工未得缺各員簡明季報冊由

詳 督憲

一件呈咨送事 送調署盧溝司巡檢曹廷瑞等到任職揭由

呈 督憲

咨 藩司

四月 十四 日

一件詳請事 詳請試用縣丞屠忠立頂補額缺由

一件批稟請恳准轉詳頂補額缺咨部註冊由

詳　督憲

批　試用縣丞唐忠立

批　試用縣丞李延禔

一件咨呈送事　送代理南岸同知陳錫祺到任日期履歷職揭由

呈　督憲

咨　藩司

一件咨呈送事　送署北岸同知裴錫榮到任職揭由

呈　督憲

咨　藩司

四月日

一件呈送事 送本年正二三月分河工各員月報冊由

呈督憲

四月廿一日

一件札知該員隨同林守前往奉省聽候差遣由

札補用知縣邱兆焜

一件札知該員頂補額缺奉院批准由

札代理南岸廳陳丞

閏四月初二日

一件批 署南上汛霸州州同呈送借補札文以憑註冊由

批署南上汛霸汛員

閏四月初四日

一件札委速赴北上汛接印任事由

閏四月初六日

一件詳請事 詳請寔任北三工州判邱兆焜赴奉差遣可否開缺請示遵办由

札委候補縣丞屠忠立

詳 督憲

詳 督憲

咨 藩司

一件咨詳明事 詳明撤飭新任北四下汛縣丞石桂臣赴任由

一件札委速赴北四下汛縣丞新任由

札委新任北四下汛縣丞石桂臣

一件呈報事　呈報公出日期由

呈
督憲

一件札委代拆代印由

札南岸廳陳丞

一件札知詳請以該員項補傳賞文額缺奉院批准由

札署北上汛縣丞屠忠立

閏四月　十三　日

一件咨詳明事　詳明委員接署北上汛縣丞缺由

咨詳
督憲
藩司

一件咨呈送事 送河工試用縣丞薛溶到工日期履歷冊由

閏四月十六日

呈督憲

咨藩司

一件呈報事 呈報公同日期由

呈督憲

閏四月　日

一件轉報事 報北河試用縣丞黃式折丁父憂日期由

詳督憲

咨藩司

一件詳請事 詳請試用主簿魯從周頂補額缺由

詳督憲

批河工試用主簿魯從周

一件札取前署北上汛縣丞章晉墀丁憂親供由

札石景山廳

廿五

閏四月　　日

一件批稟繳咨送巡警學堂公文由

批候補通判文惠

廿六

閏四月　　日

一件咨呈送事送署北下汛武清縣縣丞遲曆忠立到任職揭由

咨呈督憲藩司

一件咨呈送事送署北四下汛固安縣縣丞石樞臣到任職揭由

咨呈督憲藩司

一件札飭寔任北三工州判鄧兆焜赴奉賢後開缺責成署員李福銘認真經理由

札署北三工李汎員

閏四月　廿九　日

一件詳咨送事　送上年秋冬二季分文職各員履歷季報冊由

詳　督憲

咨　藩司

閏四月　卅　日

一件札飭南四工縣丞缺以北上汛縣丞曹廷瑞調署奉　部覆准由

札南岸　廳

一件札飭南六工州判缺以南下汛縣丞常凌漢升署奉部覆准由

札三角淀廳

一件札飭試用同知王大成頂補額缺奉部覆准由

札試用同知王大成

五月 [illegible] 日

一件詳咨明事 詳明南下汛縣丞常凌漢等飭赴新任由

詳督憲

咨藩司

一件札委速赴南六工州判等缺任事由

五月十一日

一件移司事 移司石景山同知缺以先儘正班同知沈祿澄請補 會詳由

委 新任南六工州判常凌漢
署南上汛州同賴定祿
新任南上汛州同李福銘
署南六工州判齊 治

五月十二日

一件札知詳請該員頂補額缺奉院 批准由

移 藩司

札試用主簿魯從周

五月十五日

一件會詳事 會詳南下汛縣丞缺以南七工主簿邱元文升署由

詳 督憲

一件咨送事 送前由会詳

咨 藩司

一件咨商事 咨商南七工主簿升缺委准拟以候補縣丞賴定祿借補由

咨 藩司

五月廿一日

一件呈咨送事 送河工試用州同張允升到工日期履歷冊由

呈 督憲

咨 藩司

一件札飭院札行知試用同知陳錫祺頂補額缺奉部覆准由

札 南岸廳

一件札知該員頂補額缺奉 部駁由

札署北上汛縣丞屠忠立

一件札知該員聲覆保案奉 部核准由

札試用縣丞黃占春

五月廿六日

一件呈咨送事 送署南六工州判常凌漢等到任職揭由

呈 督憲

咨 藩司

六月初八日

一件咨送事 咨送補用典史韓其銘等赴天津巡警總局聽候考試由

咨 巡警總局

六月初十日

一件札飭試用主簿魯從周頂補額缺奉 部覆准由

札試用主簿魯從周

七月初二日

一件札行政務處會同遵議御史劉汝驥酌定保舉限制一摺奉 旨由

札五廳

七月初十日

一件呈送事 送本年四月分至六月分河工各員月報冊由

呈 督憲

七月十六日

一件咨商事 咨商北七工主簿缺以縣丞王養年借補由

七月廿二日

一件札飭會同固安縣等將城内河員家屬戶口逐細查明由

咨 藩司

札 南四工盧汛員

批 固安縣

七月廿六日

一件詳咨明事 詳明升署北中汛縣丞莫鈞等飭赴新任由

詳 督憲

咨 藩司

一件札委事 札委赴北中北二下等汛接印任事由

委 新任北中汛縣丞莫鈞

新任北二下汛主簿潘錫琮

八月初一日

一件批請派縣丞張秉良充巡警總稽查官並幫同緝捕由

八月　十一　日　批固安縣

一件咨回事　咨回北七工主簿缺以遇缺先主簿王佐卿咨署會詳由

八月　廿四　日　咨藩司

一件詳咨明事　詳明并署南二工良鄉縣縣丞盧世楷等赴新任由

八月　　日　詳督憲　咨藩司

一件札委新任南二工縣丞盧世楷等赴任由

八月　十五　日　札委署南二工縣丞鄭其琛　署南四工縣丞盧世楷　候補縣丞王春年

一件轉報事 轉報北河儘先補用通判王蓮昌丁母憂日期由

八月 廿七 日 詳督憲 咨藩司

一件札委事 札飭將城內河員家屬戶口迅速查明由

八月 卅 日 札署南四工王汛員

一件詳請事 詳請試用通判萬鍾彝頂補額缺由

日 詳督憲

一件咨呈事 咨送署南岸二工良鄉汛〻丞盧世楷等到任職揭由

九月 初八 日 呈督憲 咨藩司

一件詳請事　詳請將三十一二年兩屆安瀾尤為出力各員弁先行給予外奬由

九月　初十　日　詳　督憲

一件移回事　移回北工汛縣丞缺以遇缺先縣丞陳克昌咨署會詳由

九月　日　移　藩司

一件咨呈送事　送署北岸頭工中汛武清縣縣丞莫鈞等到任職揭由

九月　十三　日　呈　督憲　咨　藩司

一件批　稟明請假回工聽候差委由

九月　廿三　日

九月 廿四

中 批准補盧溝司巡檢李兆年

一件移會事 移会詳請將三十一二年兩屆安瀾出力各員給予外獎奉 院批准註冊由

移 藩司

一件札知前由

札 署石景山同知萬鍾彝等十一員

一件札知詳請試用通判萬鍾彝項補額缺奉 院批准由

札 署石景山同知萬鍾彝

九月 廿八 日

一件札發本年兩屆安瀾防汛出力員弁先請給予外奬奉院批准由

札候補主簿張洪田等十八員

九月　廿九　日

一件咨詳明事　詳明委員署理北三工州判缺由

詳　督憲

咨　藩司

一件札委速赴北三工接印由

札委候補主簿秦景華

十月　初壹　日

一件會詳事　會詳署三角淀通判李樹才寔授由

詳　督憲

一件咨送事 送前由会詳

咨 藩司

一件轉報事 報北河試用縣丞姚祖昌丁父憂日期由

詳 督憲

咨 藩司

一件批稟卑職辭退固安縣巡警稽查差使由

批候補縣丞張秉良

十月 初四 日

一件札飭南下汛縣丞缺以南七工主簿邱元文幷署奉部覈准由

札南岸廳

十月 初五 日

一件咨呈送事 送署北三工州判秦景華到任職揭由

一件呈報事 呈報公出日期由

一件札委代拆代印由

一件批稟報交卸日期來轅聽候差委叩謝恩施由

十月 十三 日

呈督憲

咨藩司

呈督憲

札南岸廳陳丞

批候補從九品齊治

一件呈報事　呈報公回日期由

呈　督憲

一件札飭石景山同知缺以先儘同知沈葆澄補署奉部覆准由

札石景山廳

十月　廿二　日

一件詳送事　送本年春季分河工未得缺各員簡明季報冊由

詳　督憲

一件會詳事　會詳署南三工汛判劉巘寔授由

詳　督憲

一件咨送事　送前由會詳

詳　督憲

十月廿六日 咨藩司

一件咨覆事 咨覆南七工主簿缺以河西務主簿項壽全調署請主稿會詳由

十月廿九日 咨藩司

一件詳請事 詳請試用縣丞屠忠立頂補額缺由

十月卅日 詳督憲

一件咨詳送事 送本年春夏二季分文職各員履歷季報冊由

十一月初七日 咨詳督憲藩司

一件札飭院札行知奉上諭立憲豫備釐定官制由

札五廳

十一月 行 日

一件詳明事詳明檄飭新任南八工主簿楊琛赴任由

詳督憲

咨藩司

一件札委速赴南八工主簿新任由

札委新任南八工主簿楊琛

十一月 行 日

一件會詳事会詳署北下汛縣丞劉兆霖寔授由

詳督憲

一件咨送事　送前由會詳

咨　藩司

十一月

一件詳咨明事　詳明新任盧潮司巡檢李兆年等赴任由

十二　日

詳咨　督憲　藩司

一件札委接署北七工主簿等缺由

札委　署盧潮司巡檢曲廷瑞　新任盧潮司巡檢李兆年

十一月

一件詳請事　詳請北河試用縣丞張東良補額由

十七　日

詳　督憲

批試用縣丞張東良

一件呈送事 送本年七月分至九月分河工各員月報冊由

呈 督憲

十一月 十九 日

一件會詳事 会詳署北上汎縣丞王治安寔授由

詳 督憲

一件咨送事 送前由會詳

咨 藩司

一件札知詳請以該員頂補縣丞張川遺缺奉 院批准由

札 署北上汎縣丞屠忠立

十一月 廿二 日

一件咨送事 送署南下汛縣丞賴定祿捐照履歷請查驗註冊由

咨 藩司

十一月 廿四 日

一件移回事 移回南岸主簿缺以河西務主簿項壽金調署會詳由

移 藩司

十二月 初三 日

一件詳請事 詳請試用主簿秦景華頂補額缺由

詳 督憲

十二月 初五 日

一件諮送事 送北河試用主簿董慶文到工日期履歷冊由

十二月

一件札知詳請該員補額奉院批由

十二

十二月

一件呈咨送事送署盧溝司巡檢李兆年等到任職揭由

一件咨送事 送本年々終吏役冊由

呈 督憲

咨 藩司

月

札試用縣丞張秉良

日

呈 督憲

咨 藩司

咨 藩司

一件批稟呈札文遇有廵檢缺出借補註冊由

批先儘主簿陳葆昌

十一月十六日 十六

一件札知該詳請員頂補額缺奉院批准由

札署北三工州判秦景華

十二月廿七日

稿號簿

光緒叁拾叁年柒月　　　日

道

一件呈報事　呈報到任日期由

一件咨會事　咨會到任日期由

一件札知上任日期由

一件咨詳明事　詳明委員接署北岸同知缺由

呈　督憲

咨　三司　七道

札　五廳　三營　沿河八州縣

詳咨　督憲　藩司

一件札委接署北岸同知缺由

七月十九日

委

一件札委將革員陳維垣解交固安縣聽候起解由

札

一件札飭將該革員陳維垣等收禁外監聽候起解由

札固安縣

七月廿日

一件咨會事 咨会院札行知水利局坐辦一差以郡道暫行兼代由

咨水利總局

一件札飭該員頂補額缺奉准部覆由

七月　廿　日　札試用通判萬鍾彝

一件詳覆事　詳覆遵札將已革州同陳維垣等解縣收禁由

七月　廿二　日　詳督憲

一件呈送事　送本年四月分至六月分河工各員月報冊由

七月　廿六　日　呈督憲

一件咨呈送事送到任日期履歷職揭由

呈督憲
咨藩司

七月卅日

一件咨呈送事 送試用縣丞康煜曾等到工日期履歷冊由

呈督憲
咨藩司

一件咨呈送事送署北岸同知萬鍾彝到任職揭由

呈督憲
咨藩司

一件札飭院札行知具奏北西上汛漫口分別參办並自請議處奉 上諭由

札上北
三角淀廳

一件札取到工日期履歷冊由

札試用縣丞趙宗憲

八月[illegible]日

一件詳覆事　詳覆遵飭訊明革員陳維垣之子陳恒豫與工頭李鳳成並𠑹通同舞弊由

詳督憲

八月十二日

一件移會事　移會詳覆遵札將已革州同陳維垣等解縣收禁奉　院批由

咨藩法司

八月十三日

一件咨會事　咨会已革州同陳維垣病症加重請寬限由

咨藩法司

批固安縣

一件批詳已革州同陳維垣病症日益加重請轉咨寬限一月由

批候補通判文悳

一件批稟覆免赴黑龍江觀音山差遣由

批前北四工汛州同陳維垣

一件批稟為患病請假調治由

札試用縣丞田懿寬

一件札取到工日期履歷冊由

八月十八日

一件咨詳二事 詳明并署南下汛縣丞邱元文等飭赴新任由

詳督憲

咨藩司

一件札委速赴南下汛縣丞等新任由

八月廿一日

札委新任南下汛縣丞邱元文 七工主簿項壽金

一件批詳報已革外委魏漢文現患病症飭醫調治由

批固安縣

八月廿二日

一件札知署督部堂楊上任日期由

札五廳 都司

一件札催該員等到工日期履歷冊由

札

試用同知崔葆珊
試用縣丞王文鎔
候補縣丞崔元慶
試用縣丞周樹棠
試用縣丞劉乃煜
試用縣丞張孝欽
試用縣丞張符瑞

八月廿六日

一件呈送事　呈送事宜冊圖由

呈督憲

九月[illegible]日

一件會詳事　會詳署南二工縣丞盧世楷寔授由

詳督憲

一件咨送事 送前由會詳

咨 藩司

一件呈咨送事 送試用同知陶文灝等到工日期履歷冊由

呈 督憲
咨 藩司

九月 [signature] 日

一件呈咨送事 送署南下汛孙丞邱元文等到任職揭由

呈 督憲
咨 藩司

一件札飭院札行知奉 上諭永定河道員缺著吳 補授由

札 五廳
都司

一件批 詳送安犯陳維垣親老丁單分請詳咨留養並免繳台費銀兩由

批固安縣

九月十一日

一件咨會事　咨會官犯陳維垣親老丁单請免遣留養由

咨藩法司

九月十三日

一件札知本道等稟爲外省調工人員懇請先期奏明奉　院批由

札　候補知府潘煜
　　候補知縣吳師程
　　分省補用州同汪延庚

九月十六日

一件會詳事　會詳北四上汛州同缺以北六工州判鄭其琛　升署由

一件咨送事 送前田會詳

詳督憲

咨藩司

九月廿五日

一件札知本年舉行大計由

札五廳

九月九日

一件札知本年舉行大計由

札沿河八州縣

一件呈送事 送本年七月分至九月分河工各員月報冊由

呈 督憲

一件咨呈送事 送試用通判書三文到工日期履歷冊由

咨呈 督憲 藩司

一件院札行知附奏豐上汛漫口工程已調候補知府潘煜等赴工請立案並奉 硃批由

札 候補知府潘守煜 分省補用州同汪廷庚

十月 日

一件呈報事 呈報公出日期由

呈 督憲

一件札委代折代印由

札

日

十月

一件移知事 移知北四上汛大工合龍出力隨摺保奬並開復各員處分由

移

調直即補道汪

奉天即補道林

一件札知 前由

札候補知府周家彪等九員

一件札知南上汛州同李福銘等寔授奉准部覆由

札南岸三角淀廳 上北

十月廿日

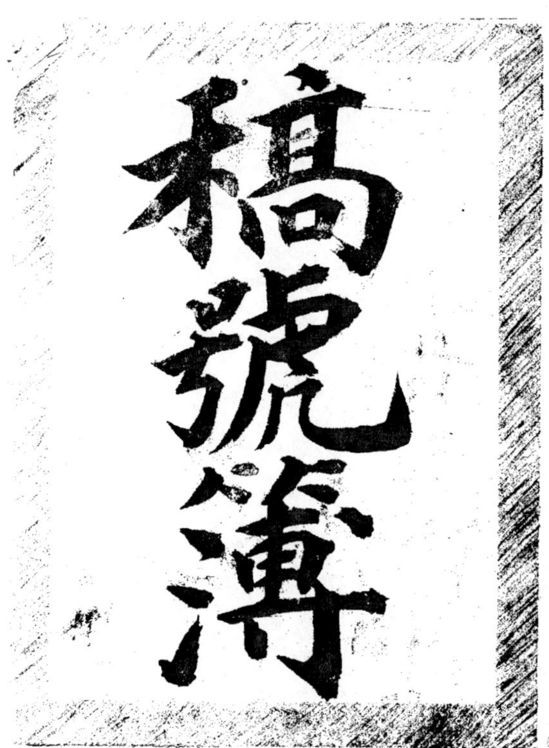
稿號簿

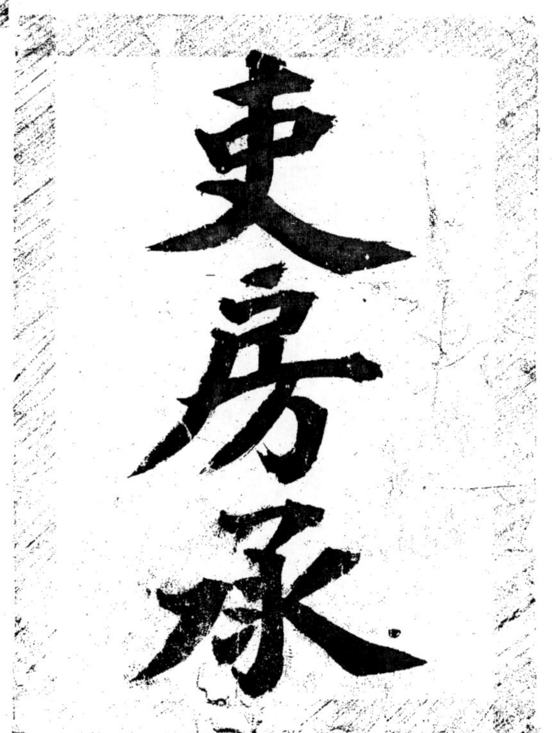
吏房承

光緒叁拾肆年肆月　日

道

一件呈報事 呈報職道到任日期由

一件移會事 移會本道到任日期由

一件札知上任日期由

四月 十一 日

一件詳咨送事 送職道到任日期履歷職揭由

呈 督憲

移 四司 七道

札 五廳三營 沿河八州縣

詳咨 督憲 藩司

一件札取該員到工日期履歷冊由、

四月 十五 日

札試用從九品王

一件諭飭事 諭各房遇有緊要事件限一日内呈稿由

諭 吏兵工刑戶庫禮 房

四月 二十 日

一件會詳事 會詳北三工州判缺以北下汛縣丞劉兆霖并署由

詳督憲

一件咨送事 送前由會詳

咨藩司

四月 二十六 日

一件呈送事 送本年正月分至三月分河工各員月報冊由

呈 督憲

一件咨呈送事 送署北四上汎州同鄭其璟奉文任事日期履歷職揭由

呈 督憲

咨 藩司

一件咨會事 咨會南五工縣丞缺以遇缺先縣丞汪晏清請補由

咨 藩司

一件移會事 移會上年北四上大工合龍出力各員請獎奉 旨由

移直隸即補道

一件札 飭院北務知上年北四上大工合龍出力各員請獎奉 旨由

札石景山同知沈葆澄等一百十六号

四月廿七日

一件詳請事 詳請試用縣丞李延禔頂補額缺由

詳 督憲

批試用縣丞李延禔

五月初二日

一件轉報事 轉報候補主簿莊榮丁本生父憂日期由

詳 督憲

咨 藩司

五月初四日

一件咨詳明事　詳明南匕工主簿項寿金撤任委員接署由

詳　督憲

咨　藩司

一件札委署理南匕工主簿缺

札委試用縣丞吴寶常

五月　初十　日

一件咨呈送事　送試用縣丞黄襄成等到工日期履歷冊由

呈　督憲

咨　藩司

一件札飭查明故員陳人龍之子何名呈覆送核办由

札已故前南五工縣丞陳人龍家屬

五月　廿一　日

一件札知詳請試用縣丞李延禔頂補額缺奉院批准由

札試用縣丞李延禔

五月廿六日

一件詳請事 詳請將山東候補知縣吳師程捐案調查各日期咨部由

詳督憲

批山東候補知縣吳師程

咨藩司

一件移回事 移回南五工縣丞缺以遇缺先縣丞汪晏清序補会詳由

五月廿七日

一件詳請事 詳請留工差委並代繳部照由

詳督憲

批先儘州判嚴宜炳

五月廿日

一件呈送事　送署南七工主簿吳寶常到任職揭由

呈咨

督憲

藩司

五月廿日

一件會詳事　會詳署石景山同知沈葆澄寔授由

詳

督憲

一件咨會事　送前由會詳

咨

藩司

六月初日

一件移會事　移會設立永定河工研究所奉院批准

移

藩司
提學司
天津道
大名道
清河道
通永道

六月初十日

一件會詳事　會詳署北上汛縣丞陳克昌寔授由

詳　督憲

一件咨送事　送前由會詳

六月十四日

咨　藩司

一件咨覆事　咨覆查明故員陳人龍之子之職由

咨　藩司
前候選州同陳毓英等
六月十六日
一件札知詳請將山東候補知縣吳師程捐案調查各日期咨部奏院批准由

札山東候補知縣吳師程
一件札取該員到工日期履歷冊由

札先儘州判嚴宜炳
六月廿日
一件呈送事補送北四上汛大工保獎內分省補用州同許寶棠等履歷冊由

呈　督憲
六月廿六日

一件詳送事　詳送上年秋冬二季分文職各員履歷季報冊由
六月　廿九　日
詳
咨
督憲
藩司

一件咨覆事　咨覆候補各員講習水學河工研究所可否免其赴考由
七月　二十七　日
咨
藩司

一件詳請事　詳請候補縣丞章貞之楨字多一木傍請更正由
七月　十六　日
詳
督憲
批候補縣丞章貞

一件札飭院札行知南岸同知沈葆恒寔授奉　部覆准由

札南岸廳

七月廿日 呈督憲 咨藩司

一件呈咨送事 送先儘班補用州判嚴宜炳等到工日期履歷冊由

七月廿三日 咨藩司

一件咨會事 咨会候補巡檢薛鳳翔等免其赴考由

七月廿七 咨藩司

一件詳請事 詳請留工差委並代繳部照由

一件詳請事　詳請試用縣丞薛溶頂補額缺由

詳　批試用縣丞黃式圻　督憲

詳　批試用縣丞薛溶　督憲

七月　廿八　日

一件院札行知北三工州判缺擬以北下汛縣丞劉兆霖升署奏　部覆准由

札上北　一廳

一件院札行知南五工縣丞缺擬以遇缺先縣丞汪晏清咨署奏　部覆准由

札三角淀　一廳

八月初弍日

一件咨覆事　咨覆候補各員年老者應赴省聽候考試由

在工暨未在工清册

咨藩司

八月叁日

一件咨会事　咨會候補知縣方恩培免其赴考由

咨藩司

八月十一日

一件呈送事　送本年四月分至六月分河工各員月報冊由

呈督憲

一件咨送事　送試用縣丞趙廉法等到工日期履歷冊由

呈　督憲

咨　藩司

八月　十三　日

一件院札行知南隄八工武清縣主簿楊琛壽寔授奉准部覆由

札　石景山廳

札　三角淀廳

一件札知該員之貞字多一木傍請更正奉院批由

札　候補縣丞章貞

一件批　禀懇援照奏定外官考試章程应否免試請　示祇遵由

批　北河補用通判文惪

八月　十四　日

一件咨商事咨商北六工主簿王佐卿與交河縣主簿曹茂檀互相調署請主稿由

八月十七日 咨 藩司

一件札飭行知上年北四大工保奨補送履歷各員奉旨由

八月十七日 札候補用州同許寶棠等員

一件詳請事詳請給發南岸同知沈葆恒赴部咨批由

八月十九日 詳 督憲

一件札取該員到工日期履歷冊由

八月 札試用縣丞黄式圻

一件札飭該員項補萬鍾彝額缺奉院批准由

札試用縣丞薛溶

八月　廿一　日

一件札知上年大工請獎案内候補知縣吳師程與例不符應毋庸議由

札東候補知縣吳師程

一件札發該員等扶柩回籍入城沿途護照由

札候選州同陳毓英
　　巡檢陳熙昌

九月　初弍　日

一件會詳事會詳署南下汛縣丞郎元文寔授由

詳　督憲

一件咨送事 送前由會詳

九月

一件詳明事 詳明委員接署北四下汛縣丞缺由

初八

一件札委速赴北四下汛接印任事由

一件詳請事 詳請試用主簿韓孝純頂補額缺由

日

咨 藩司

詳 督憲

咨 藩司

委正任南七工主簿項壽金

詳 督憲

批試用主簿韓孝純

一件札發南岸廳沈丞赴部咨批由

札南岸廳沈丞

九月　發　日

一件咨詳明事　詳明檄飭新任北三工州判劉兆霖等赴任由

詳　督憲

咨　藩司

一件札委速赴北三工州判等新任由

委　新任北三工州判劉兆霖

候補王簿李嘉瑞

候補巡檢司馬湞

一件咨會事　咨會北下汛知縣缺以

咨　藩司

九月　核發　日

一件會詳事 会詳北下汛縣丞缺以北二下汛主簿潘錫琮升署由

詳　督憲

一件咨會事 送前由会詳

咨　藩司

一件咨覆事 咨覆候補知縣方恩培現派何項差使由

咨　藩司

九月　十七　日

一件呈報事 呈報公出日期由

呈　督憲

一件札委代拆代印由

札

九月　十　日

一件咨詳明事　詳明調署南五工永清縣縣丞等缺由

咨詳　督憲　藩司

一件札委署理南五工縣丞等缺由

札委南三工州判劉燨
准補南五工縣丞汪暑清

一件札知北六工州判缺以盧溝司廵檢李兆年升署奉　部覆准由

札石景山廳

一件院札行知候補主簿章貞更名字錯誤更正奉准部文由

札補用縣丞章貞

一件批稟請暫行免入研究所由

批准補南五工縣丞汪晏清

九月十五日

一件呈報事 呈報公同日期由

呈督憲

一件咨會事 咨送北七工東安縣主簿王佐卿與交河縣主簿曹茂檀互相調補會詳由

咨天津道

九月廿九日

一件呈咨送事 送先儘班縣丞章晉墀等到工日期履歷冊由

呈 督憲

咨 藩司

一件轉報事 轉報前北岸同知裴錫榮丁父憂日期由

詳 督憲

咨 藩司

一件咨覆事 咨覆盧溝司巡檢鈕擬以先儘主簿馬慶棠借補請主政会詳由

咨 藩司

一件移會事 移会督憲具奏本年大汛安瀾並保奬出力人員奉 上諭由

移 即補道張

一件札知前由

一件札飭院札行知石景山廳沈葆澄奏准部覆由

一件札派該員充當研究所監督由

一件札派該員備等充當研究所長庶務長由

十月　　日

札分省補用直隸州知州汪延庚、南岸同知沈葆恒、山東候補知縣黃亮臣

札石景山廳

札南岸廳沈丞

札候補縣丞黃式圻、章晉墀、北岸協備李錫祉

一件咨覆事 咨覆候補各員應赴津省報名投考由

咨 藩司

一件咨送事 送前北四下汛縣丞石柱臣丁憂供結由

咨 藩司

一件咨覆事 咨覆縣丞許誠允等病故日期無案可稽由

咨 藩司

一札知詳請試用主簿韓孝純項補額缺奉 院批准由

札試用主簿韓孝純

一件咨詳明事 詳明升署北六工霸州〻判李兆年等赴任由

詳督憲

咨藩司

一件札委北六工州判李兆年等赴任由

委盧漪司巡檢李兆年

候補主簿馬慶棠

十月 初六 日

一件咨商事 咨商北四下汛縣丞缺以試用縣丞王養年請補祈主稿會詳由

咨藩司

一件咨覆事 咨覆候補各員應赴津省報明名投考由

咨藩司

十月 初八 日

一件詳請事　詳請將本年安瀾尤為出力各員弁先行給予外獎由

詳　督憲

一件詳送事　送永定河工研究所章程清摺由

詳　督憲

一件咨呈送事　送署北下汛縣丞司馬須蕃到任職揭由

咨呈　督憲　藩司

十月　十五　日

一件會詳事　會詳署北四下汛縣丞寔任南七工主簿項壽金寔授由

詳　督憲

一件咨會事 送前由會詳 咨 藩司

一件詳請事 詳請繳銷南岸同知沈葆恒部發執照批迴由 詳 督憲

一件批稟法政期考伊邇俟畢業後再赴河工研究所懇乞賞假由 批試用縣丞張符瑞

十月 十七 日

一件詳咨明事 詳以署盧濟司馬慶堂與北六工州判李兆年互相調署由 詳咨 督憲 藩司

十月 十八 日

一件呈咨送事 送署盧溝司巡檢馬慶棠等到任職揭

呈
咨
督憲
藩司

一件札知該廳寔授奉 部覆由

十月
廿
日

札南岸廳

一件呈送事 送本年七月分至九月分河工各員月報冊由

呈
督憲

一件移回事 移回盧溝橋巡檢缺以先佐主簿馬慶棠借署會詳由

十月
廿七
日

移
藩司

一件咨覆事 咨覆北岸同知缺擬以淡倸先用同知范金鏞請補祈主稿会詳由

十月 廿九 日

咨 藩司

一件札知詳請將本年安瀾尤為出力各員先行給予外奬奉 院批由

十月 日

札候補縣丞王維瑢

札候補縣丞杜宗預

札候補主簿韓志琦

一件札飭院札行知試用主簿韓孝純頂補額缺奉 部覆准由

十一月 初六 日

札試用主簿韓孝純

一件札飭另造寔任南〻工主簿項壽金寔授清冊蓋用藍印由未办

札三角淀廳

十一月　　日

一件詳送事　送本年春季分河工未得缺各員簡明季報冊由

詳督憲

一件札知詳請繳銷該丞部發執照批迴奉院批由

札南岸廳沈丞

一件札知詳送永定河研究所章程奉院批准由

札研究所監督沈丞

十一月十三日

一件詳送事　送本年春夏二季分文職各員履歷季報冊由

詳　督憲

咨　藩司

一件咨送事　送署北四下汛縣丞項壽金寔授會詳由

咨　藩司

十一月

一件移回事　移回北四下汛縣丞缺以試用縣丞王眷年請補會詳由

移　藩司

一件咨覆事　咨覆試用縣丞張拱長等現已來工入學由

咨　天津道

清河道

十一月　日

217

一件咨呈送事 送署盧濟司巡檢李兆年等到任職揭由

呈督憲

咨藩司

十二月 [illegible] 日

一件批呈報修理永定河工研究所興竣並送用款清册由

批研究所監督等

一件咨呈送事 送試用縣丞朱芾等到工日期履歷册由

呈督憲

咨藩司

十二月 [illegible] 日

一件詳請事 詳請試用縣丞劉乃煜頂補額缺由

詳
督憲
批試用縣丞劉乃煜

十二月 初八 日

一件咨覆事 咨覆試用縣丞姜肇渭准免傳考由

咨
藩司

一件札取到工日期履歷冊由

札試用縣丞隗象樞

十二月 十二 日

一件詳請事 詳請試用縣丞田憼寬頂補額缺由

詳
督憲
批試用縣丞田憼寬

十二月 十三 日

一件咨會事　咨会試用縣丞薛鳳翔到差一年應作為甄別請言冊由

咨　藩司

批試用巡檢薛鳳翔

一件札飭院札行知奉　上諭嗣後著京外各衙門嚴飭所屬崇尚節俭由

札　五廳

一件札飭北下汛縣丞缺以北二下汛主簿潘錫琮升署奉准　部覆由

札石景山廳

十二月　十七　日

一件咨商事　咨商北二下汛主簿缺以先儘縣丞章晉墀借補請主稿會詳由

咨　藩司

一件咨送事 送前北四下汛縣丞石柱居丁憂供結由

咨 藩司

十二月 十六 日

一件呈咨送事 送試用縣丞隗象樞到工日期履歷冊由

呈 督憲

咨 藩司

一件咨會事 咨會試用縣丞薛溶得有警監專科優等文憑請註冊備考由

咨 藩司

批署理高州書薛溶

一件咨送事 咨送本年〻終吏役冊由

咨 藩司

十二月 十八 日

一件詳送事送研究所官費自費學員銜名清冊由

詳督憲

十二月廿五日

一件札飭事院札行知盧溝司巡檢缺以先儘主簿馬慶棠借補奉准部覆由

札石景山廳

十二月廿七日

道

一件稟請事稟請籌撥本年歲搶修銀兩由

稟督憲

正月 九 日

一件札飭派撥兵夫來轅防庫由

札固安縣
守備
協
城守營

一件札飭來轅住宿公廨防庫由

札千總李錫祉

村正劉萬選等稟請派委會同東安縣勘訊險夫抵命由

批劉萬選等

一件移會事移會委員會同東安縣勘訊險夫抵命由

移霸昌道

一件批具稟南二鋪等村文生王緝熙以殷防險出力傷殘免其雜差由

批文生王緝熙等

一件札飭迅將南二鋪等七村照章免其雜差由

札永清縣

正月廿七日

一件批會稟奉委守提永邑征起河淤等租銀兩並另文批解由

批永清縣

一件批稟阜縣地方得雪二寸餘由

批永清縣

一件批稟報縣境得雪三寸由

批武清縣

一件批呈報倉米銀錢出入数目並送清摺呈請轉詳由

批北六工邱汛員
南四工李汛員

申呈報儲備倉光緒二十四年分動存銀兩米石數目由

呈 督憲

正月 廿二 日

一件咨領事 咨領本年歲搶修等款銀兩由

咨 藩司

一件咨領事 咨領本年歲款內扣存六分部平銀兩由

咨 藩司

一件札委赴司咨領本年歲搶修並六分平等項銀兩由

札 [illegible] 花仁 陸炳勛
候補同知 孫鵬舉
從九 謝美棠

一件咨領事 咨領復額案內奏准留抵歲解南河銀兩由

咨長蘆運司

一件札委赴運司咨領奏准留抵歲解南河銀兩由

初二日

札候補[illegible]陳鳴皋

二月

一件呈報事 呈報咨覆收到本年浚船改辦樁料經費銀數日期由

呈督憲

咨長蘆運司

一件咨請事 咨請先行給發捐生等寔收由

初四日

咨籌賑總局

為事委員咨領本年另案石工銀兩由

咨支應總局

一件札委前赴支應局請領添撥另案石工銀兩由

札委候補縣丞劉兆霖

二月 初九 日

一件咨解事 咨解撥發槍藥銅帽等項價銀由

咨軍械總局

一件札委赴部請領光緒二十五年歲修銀兩由

札候補同知潘義貞

一件札提東安武清前任有無征存未解各項地租由

札東安武清縣

一件札委守提東安武清前任有無征存未解各項地租由

札委上四旗州同陶福祿

二月初十日

一件呈報咨覆事 呈報咨覆收到本年渡船經費銀數日期由

呈督憲
咨藩司

一件咨報事 咨報收到永清武清固安解到節年淤租銀數日期由

十四日

咨藩司

事 呈報發過二十四年冬季官兵俸餉等銀數目日期由

呈督憲

一件呈報事 呈報赴司咨領本年春季官兵俸餉等銀起程日期由

咨藩司

一件咨領事 咨領本年春季兵餉等銀由

咨藩司

一件咨領事 咨領本年春季石景山外委馬粮銀兩由

一件咨領事 咨領本年春季武職俸薪等銀由

咨藩司

一件咨領事 咨領本年春季武職養廉銀兩由

咨藩司 一

一件咨領事 咨領本年春季 本道養廉銀兩由

咨藩司

一件札委赴司請領本年春季兵餉等銀由

廿六日 札類外〻委馬進興 王貴德

[illegible]报事 呈報本年和存葦蓆銀兩數目由

呈 督憲

一件札知本年和存葦蓆銀數由

札 北六工邱汛員
南四工李汛員

二月 十七 日

一件呈報
咨覆事 呈報
咨覆收到運庫留抵歲解南河銀七千兩由

呈 督憲
咨 長蘆運司

二月 十八 日

一件咨領事 委員咨領本年添撥另案銀兩由

咨 籌賑總局

一件札委前赴籌賑局請領添撥另案銀兩由

札委河營守備桑春榮
候補主簿陳葆昌

一件咨領事委員咨領本年添撥另案銀兩由

咨支應總局

一件札委前赴支應局請領添撥另案銀兩由

札委候補知縣史記言
主簿馬芝棠
嚴宜炳

二月 初四 日

一件札飭東安縣差傳劉清印將藏匿木料並香火地畝押令退出由

札東安縣

一件札飭將紀鳳來另行報捐武職官銜方准報捐劄付由

三月[illegible]日

札北六工郎汛員

一件呈報咨覆事　呈報咨覆收到本年歲搶修等項銀兩數目日期由

呈督憲　咨藩司

一件呈報咨覆事　呈報咨覆收到本年備防秸料並加增運脚銀兩數目日期由

呈督憲　咨藩司

一件呈報咨覆事　呈報咨覆收到本年歲搶修內扣六分部平銀兩由

呈督憲　咨藩司

一件批會稟查催東邑前任趙令征解淤隙地租銀兩情形由

批東安縣

一件批會稟查明前任武清縣潘令經征租銀移催遲解並將本節年銀兩尚緊催征由

批武清縣

一件批稟查明東武二縣有無征存各項地租銀兩由

三月　日

批北四上汛陶汛員

一件札飭俟發兵餉時將兵米價核扣呈繳歸庫由

日

札河營都司

備領來轅請領兵餉銀兩由

札五廳

三月初十日

一件札行京師月食至期一體救護由

札五廳

都司

三月十二日

一件札永清縣屬南二舖等村文生王繼熙公懇勘驗搶險形跡寬免襍差由

札南二舖等村文生王繼熙

三月十七日

一件呈報咨覆事呈報咨覆收到永定河兩岸歲修另案銀數日期由

呈督憲

咨籌賑總局

一件咨呈覆報事　咨呈覆報收到永定河兩岸歲修另案銀數日期由

咨呈
督
支應總局
憲

一件咨呈覆報事　咨呈覆報收到永定河修補石景山東岸石隄工程銀數日期由

咨呈
督
支應總局
憲

一件札飭遵照接待天主教主教人士一切事宜由

札
五廳
都司

三月　廿二　日

呈報
覆事　咨呈覆報收到永定河兩岸歲修另案銀數日期由

咨呈
督
支應總局
憲

批北四上汛陶汛員

稟查出柳隙地畝請示遵辦由

三月廿六日

一件札飭前赴東安縣會同候補趙令定期查勘由

札下北廳

一件批稟請委員赴東安縣會同查勘地畝由

三月廿七日

批候補知縣趙元墫

一件呈報咨覆事 呈報咨覆收到永定河兩岸歲修另案銀數日期由

呈督憲

咨籌賑總局

一件咨請事　咨請先行給發撘生寔收由

三月　卅　日　咨　籌賑總局

一件批稟為整理廟宇以安　龍神由

批宋六口村文生劉玉琛等

一件札飭查明所稟是否属寔詳覆核辦由

四月　廿　日　札南八工汛曹汛員

一件咨領事　咨領添撥春工兵飯銀两由

咨籌賑總局

一件札委請領本年春工兵飯銀兩由

一件咨領事咨領歷年辦過另案工程銷費銀兩由

札候補巡檢李兆年

咨籌賑總局

四月初二日

一件札飭派撥兵夫来轅防庫由

札固安縣守備協城守營

四月初三日

一件札飭来轅住宿公廨防庫由

札北岸千總李錫祉

一件呈送事 呈送光緒二十四年永定河收發過若款銀兩年終四柱清冊由

詳督憲

四月　　日

一件批永清縣屬南二鋪等村首事王緝熙等公懇勘驗去歲搶險形跡寬免襍差由

批南二鋪等村首事王緝熙等

一件札飭查明去歲大汛期內該首事是否帶領民夫幫同搶護由

札南七工陳汛員

四月　　日

一件批呈覆香火地畝以憑核辦由

批南八上汛曹汛員

一件札飭東安縣善傳文生劉玉琛等到案研訊擬結由

四月　六　日　札東安縣

一件札飭迅速批解石景山廳民壯工食銀兩由

札肅寧永寧清津寧縣

一件札飭派役前赴永清等縣守提民壯工食銀兩由

札石景山廳張丞

一件批呈覆遵飭議租造送清冊由

四月　九　日　批北四上汛陶汛員

一件呈報事　呈報發過本年春季官兵俸餉等銀數目日期由

呈督憲

一件呈報事　呈報赴司咨領本年夏季官兵俸餉等銀起程日期由

呈督憲

一件咨領事　咨領本年夏季兵餉等銀由

咨藩司

一件咨領事　咨領本年夏季石景山外委馬糧銀兩由

咨藩司

一件咨領事 咨領本年夏季武職俸薪等銀由 咨藩司

一件咨領事 咨領本年夏季武職養廉銀兩由 咨藩司

一件咨領事 咨領本年夏季 本道八成養廉銀兩由 咨藩司

一件札委赴司請領本年夏季兵餉等銀由 札經制外委劉佳勝 劉寶賢

四月 廿八 日

一件呈報咨覆事　呈報咨覆收到撥發本年春二兵餉銀兩由

呈督憲

咨籌賑總局

一件札催迅將征起本節年地租銀兩趕緊批解由

札霸州、宛平、良鄉、固安縣

一件札催迅將征起本節年地租銀兩刻日批解由

札永清、東安、武清縣

一件札飭迅將南二舖等村本年夫地租寬免由

札永清縣

四月廿九日

一件札飭備領請領酌增備存防險銀兩以濟急需由

札五廳

一件札飭請領本年防險銀兩由

札五廳

一件札飭該廳請領本年器具銀兩由

札五廳

一件批具稟整理廟宇以安龍神由

批宋六口村文生劉玉琛等

五月 二 日

一件札飭派撥兵夫來轅防庫由

一件札飭來轅住宿公廨防庫並分班隨汛當差由

一件札委來轅防庫由

一件札委來轅住宿公廨防庫由

五月二十四日

札固安縣
守備
協
城守營

札轅門外委等

札固安縣典史

札北岸千總李鳳祀

一件札提永東武三縣本節年各項地租銀兩由

札永清縣
東安縣
武清縣

一件札委守提永東武三縣本節年各項地租銀兩由

札候補州判沈棠

一件咨領事 委員咨領添撥月夫兵飯單需平銀兩由

咨支應總局

一件札委請領添撥月夫兵飯單需平銀兩由

五月　十四　日　札候補知縣張鎮南

一件札飭趕緊移催潘令將征存銀兩迅速批解由

札武清縣

一件札委守提前武清縣潘令征存未解地租銀兩由

五月　日　札候補州判沈崇

一件批工北廳封報東　惠濟廟住持道人辛同元病故日期由

批工北廳

一件給發東惠濟廟住持道人李宣寶執照由

右照給東惠濟廟住持道人李宣寶

五月 六 日

一件札發鄭世綱部照由

札北六工郎汛員

五月 廿四 日

一件咨報事 咨報霸州解到本年汛租銀數日期由

咨藩司

五月 廿四 日

一件札催趕緊批解石景山廳民壯工食銀兩由

札永清縣

一件札委前赴永清縣守提石景山廳民壯工食銀兩由

札候補知事方恩信

五月　廿六　日

一件批會稟奉委提解永邑征起本節年各項地租銀兩現在備文另文批解由

批永清縣

一件札催光緒二十四年各項地租銀兩由

札永清縣

一件札委守提永清縣欠解光緒二十四年各項租銀由

五月　廿六　日

札州同張芝平

一件札行農工商局咨會無論官紳如有究心商務者均可購閱考究由

札五廳都司

一件批會稟查催過東邑淤隙租情形由

批東安縣

一件札委監放本年夏季兵餉等項銀兩由

五月　卅　日

札固安縣王令

一件批會稟奉委守提潘前縣征起淀租並未移交將征存本年淀租偹文批解

批武清縣

一件札催將前在武清縣任內征存淀葦租銀点交委員解回由

札宛平縣潘令

一件札委守提潘令前在武清縣任內征存未解銀兩由

札委候補州判沈棠

六月 初九 日

一件咨覆事 咨覆收到鄭世綱部照換回寔收送局由

咨籌賑局

一件札催將前任劉令征起節年地租銀兩批解由

札東安縣

一件札委守提東安縣又解征起本節年地租銀兩由

札郎兆焜

六月初十日

一件呈報咨覆事呈咨覆報收到本年添撥麻袋月夫兵飯軍需平銀兩由

呈督憲

咨支應局

一件咨報事咨報收到武永清糧解到本節年浙租銀數日期由

咨藩司

一件批會稟委提永邑本節年石景山廳民壯工食銀兩由

批永清縣

一件批會稟委提永邑征起二十四年並本年漲隙等租點交現銀批解由

批永清縣

一件札飭備領來轅請領民壯工食銀兩由

札石景山廳

六月十九日

一件批會稟查催東邑本年漲隙租銀情形由

批東安縣

六月二十日

批宛平縣潘令

一件批会稟奉委查催欠解葦租銀兩不日即行措解由

七月　初二　日

批宛平縣

一件批詳送二十四年秋禾被淹成災村庄豁緩河淤地畝銀数由

札固安縣

不發

一件札催趕緊批解夏秋二季俸薪銀兩由

七月　初十　日

一件札催造送同治元年起武職養廉季報清册由

札河營都司

七月十二日

一件咨催事 咨催歸還河北沉樓築石隄工程節存發生息銀兩由

咨藩司

七月廿六日

一件移詢事 移詢石隄鐵路價係何時發商生息見覆由

咨籌賑總局

七月廿七日

一件呈報事　呈報發過本年夏季官兵俸餉等銀數目日期由

呈督憲

一件呈報事　呈報赴司咨領本年秋季官兵俸餉等銀起程日期由

呈督憲

一件咨領事　咨領本年秋季兵餉等銀由

咨藩司

一件咨領事　咨領本年秋季石景山外委馬糧銀兩由

咨藩司

一件咨領事咨領本年秋季武職俸薪等銀由

咨藩司

一件咨領事咨領本年秋季武職養廉銀兩由

咨藩司

一件咨領事咨領本年秋季本道養廉銀兩由

咨藩司

一件札委赴司請領本年秋季兵餉等銀由

札興泉永道外委史兆祥周世昌

八月初二日

一件札飭查明各汛所領備存防險銀兩有無動用繕摺呈報由

札五廳

八月　發　日

一件札飭差役速赴西隄頭等村押令佃戶赴汛交納租稞由

札天津縣

八月　日

一件批轉請飭縣派役押令佃戶交納地租由

批三角湧廳

八月　十一　日

一件札發德慶祥借粟轉給該縣由

札北六工邱汛員
　南四工李汛員

八月　十七　日

一件批呈報籌款發給招佃兵民承種請批示遵由

八月　廿七　日

批南三工陳汛員

一件詳送事　詳送請領光緒二十六年搶修冊稿由　詳　督憲

一件詳請事　詳請給咨委員赴部請領光緒二十六年搶修銀兩由　詳　督憲

一件稟請事　請爲援案請飭司撥發來年歲修銀兩由　稟　督憲

八月　廿三　日

一件札飭派撥兵夫來轅防庫由

札固安縣、守備、協、城守營

一件札飭來轅住宿公廨防庫由

札北岸千總李錫祉

八月　廿六　日

一件札委監放本年秋季兵餉等銀由

札固安知縣令

一件批呈報動用備存防險銀兩按季扣還餘銀呈繳由

批上北廳

九月　十一　日

一件移會事　移會妥為擬定各州縣代征租銀力除積弊章程由　咨藩司

九月　十三　日

一件詳請事　詳請轉飭藩司將應領來年添撥歲修銀兩預為籌撥由　詳督憲

一件詳請事　詳請　奏請旌表候補驛丞張極之母張劉氏以彰苦節而勵風化由　詳督憲

一件批稟懇恩准詳請旌表由　批石景山廳張丞
南岸廳程丞

一件咨領事　咨領借撥光緒二十六年歲搶修銀四萬兩由

咨藩司

一件札委赴司請領借撥來年歲搶修銀四萬兩由

札　縣丞順霖　州判沈棠　主簿孔繁德　主簿陳葆昌

一件札委赴部請領來年搶修銀兩由

札候補同知韓傳琦

一件札行移行守協備候發冬餉將兵米價扣清呈繳由

札河營李都司

一件札發陳紹虞等三名部監照由

一件諭該弁赴南七工趙家樓等村收取西龍王廟香火地租銀兩由

札北六工卯汛員

諭外委卜法勝

九月 十七 日

一件札飭派撥兵夫來轅防庫由

札

固安縣
守備
協
城守營

九月 十九 日

一件札飭來轅住宿公廨防庫由

札北岸千總李錫和

一件札飭差役速赴西隄頭等村押令佃戶赴汛交納租粒由

札天津縣

九月 廿四 日

一件札行藩司咨年節封開印信日期由

札五廳 都司

十月 初一 日

一件札飭迅速批解石景山廳民壯工食銀兩由

札肅寧 寧津 永清縣

一件飭派役來轅領取公文守提民壯工食銀兩由

札石景山廳張丞

一件曉諭事皇太后萬壽日期曉諭行禮由

一示稿

十月 初二 日

一件咨領事委員咨領來年添撥歲修銀四萬兩由

咨藩司

一件札委赴司請領來年添撥歲修銀四萬兩由

札候補縣丞方恩曉
候補從九品徐傳易
候補主簿馮世棠

十月 初四 日

一件札飭派撥兵夫來轅防庫由

札 固安縣

守備

協

城守營

一件札飭來轅住宿公廨防庫由

札

一件批會稟覆勘被水情形災歉分數出示停征並送蠲緩糧租清摺由

批 東安縣

十月 初 日

一件咨送事 咨送陳紹虞等三名捐監寔收由

咨 籌賑總局

一件札催迅將征起本節年地租銀兩赶緊批解由

札
霸州
宛平
良鄉縣
固安

一件札催迅將征起本節年地租銀兩刻日批解由

札
永清
東安縣
武清

一件札委會同履勘地畝詳细丈量由

札候補從九品潘錫琮

一件批呈請札委候補從九潘鶴琮幫同典地由

批南三工陳汛員

十月六日

一件詳報事詳報本年寔用搶修銀數由

詳督憲

一件轉詳事據情轉詳奏請光緒二十六年歲搶修稭料加增運脚銀兩由

詳督憲

一件呈報咨覆事呈報咨覆收到借撥光緒二十六年歲搶修銀四萬兩由

呈督憲

咨藩司

一件咨請事 咨請先行發給捐生寔收由

咨 籌賑總局

十月 十七 日

一件呈解事 呈解光緒二十年添撥歲修浚船經費改辦椿料院飯銀兩由

呈 前督憲李

一件呈解事 呈解光緒二十一至二十三年添撥歲修浚船改辦椿料院飯銀兩由

呈 前督憲王

一件札委呈解添撥歲修院飯銀兩由

札 河營都司

一件呈解事　呈解光緒二十四五等年添撥歲修渡船改辦橋料院飯銀兩由

呈　督憲

一件札委呈解添撥歲修院飯銀兩由

札　候補縣丞劉兆霖

一件呈解事　呈解光緒二十五年院飯銀兩由

呈　督憲

一件呈解事　呈解本年四季河務房書吏續增飯食銀兩由

呈　督憲

一件呈解事　呈解本年河務房書吏防汛飯食銀兩由

呈督憲

一件呈解事　呈解本年河務房年賞銀兩由

呈督憲

一件札委呈解本年院飯菜項銀兩由

札候補縣丞劉兆霖

十月　九　日

一件咨報事　咨報收到南五代征永清縣淤租銀數日期由

咨藩司

一件批呈驗當契詳擬章程繪圖貼説並懇奬勵由

十月　廿　日　批南三工陳汛員

一件札催赶緊批解南七工柳隙地租銀兩由

十月　廿二　日　札霸州

一件移知事　移知本年添撥另案銀兩稟請立案由

十月　廿四　日　移支應局　籌賑

一件移送事　委員移送關防並　勅書由

移新任永定河道

一件移送事移送庫存各款簡明清冊並庫鑰由

移新任永定河道

一件移送事移送庫存儲備倉銀兩簡明清冊由

移新任永定河道

一件移交事移交永清等州縣欠解地租銀兩妥議章程由

移新任永定河道

一件移交事移交永定河志書由

移新任永定河道

十月　日

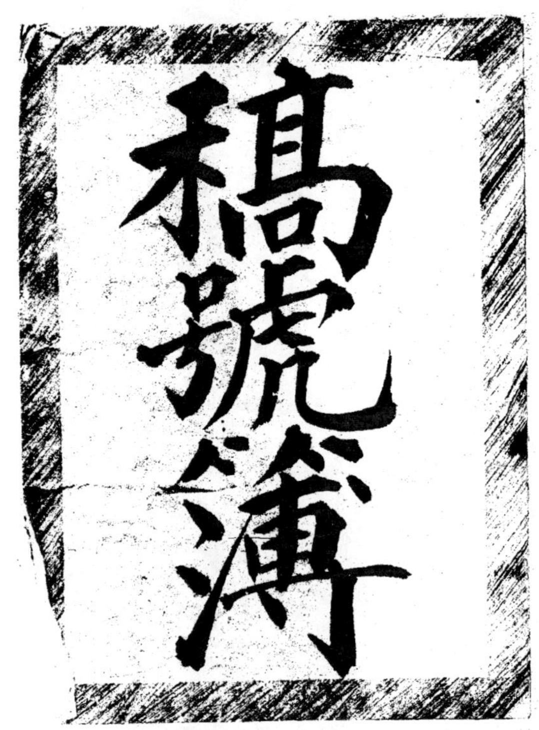
稿號簿

吏房承

宣統元年正月　　日

道

一件詳咨明事 詳明檄飭新任北下汎縣丞潘錫琮等赴任由

詳 督憲
咨 藩司

一件札委事 札委速赴北下汎縣丞等新任由

札委 新任北下汎縣丞潘錫琮
候補主簿李嘉瑞

正月 初五 日

一件札飭院札行知北七工主簿王佐卿與交河縣主簿曲茂檀互相對調奉 部覆准由

札 下北 廳

一件札飭院札行知縣丞李延禔頂補馬慶棠遺缺奉 部覆准由

札試用縣丞李延禔

一件札飭院札行知縣丞薛溶頂補萬鍾龔書遺額奉 部覆准由

札試用縣丞薛溶

一件札飭該員頂補縣丞王春年遺額奉院批准由

札試用縣丞劉乃煜

一件札飭該員頂補縣丞秦景華遺額奉院批准由

正月　稿　日

札試用縣丞田懋寬

一件札飭事札飭該廳等繕具所屬各汛事宜清冊以憑核辦由

正月　十二　日

札五廳

一件呈報事　呈報公出日期由

呈　督憲

一件札委代拆代印

札北岸廳萬丞

正月　十七　日

一件呈報事　呈報公出日期由

呈　督憲

正月　廿三　日

一件咨會事　咨會委員代理交河縣主簿並轉飭曹茂檀來工聽候赴任由

咨　藩司

正月　廿九　日

一件札取該員到工日期履歷冊由

正月六日

札補用縣丞蔡學曾

一件批稟請賞派寔地研究足資練習事由

批研究所官費學員等

二月十九日

一件咨呈送事送署北下汎縣丞潘錫琮等到任職揭由

呈督憲

咨藩司

一件詳請事詳請將試用縣丞宋祥茨暨差委五代繳部照由

詳督憲

批試用縣丞宋祥茨

一件批禀爲現患骽疾擬暫請假十五日由

批先儘同知陳鹿芝

二月　　　日

一件會詳事会詳署南四工汛丞曹廷瑞寔授由

行

詳督憲

一件咨送事送前由會詳

咨藩司

一件會詳事会詳署北四上汛州同鄭其樑寔授由

詳督憲

一件咨送事送前由會詳

咨藩司

二月十七日

一件呈送事　送光緒三十四年十月分至十二月分河工各員月報冊由

呈督憲

一件札取該員到工日期履歷冊由

札試用縣丞張履晉

二月十九日

一件咨送事　送廢員履歷冊由

咨藩司

二月廿一日

一件咨會事　咨送革職前任永定河務道履歷冊由

咨　藩司

一件批　禀懇補缺由

批先儘州判胡元熙

二月　廿二日

一件札飭院札行知北上汛縣丞陳克昌等實授奉部覆准由

札石景山廳
札南岸廳
三角淀廳

一件札飭院札行知北下汛縣丞缺以試用縣丞王養年請署奉部覆准由

札上北廳

一件札知該員頂補額缺奉 部覆准由

二月 廿三 日

札試用縣丞田敬寬

一件札取到工日期履歷冊由

二月 日 三十

札試用縣丞張文琳

一件札取到工日期履歷冊由

札試用縣丞李蘭珍

閏二月 初三 日

一件咨覆事 咨覆候補知縣方恩培現有要差未能離工請另委員辦理 陵差由

閏二月初六日

一件札派充當研究所監督由

咨 臬司
藩司
清河道

批 候補知縣方恩培

札 候補直隸州知州汪牧延庚

閏二月十一日

一件移回事 移回北二下汛主簿缺以先儘縣丞章晉墀借署会詳由

移 藩司

一件札知詳請將該員留工差委並代繳執照奉院批准由

札 試用縣丞宋祥炎

一件札取該員到工日期履歷冊由

札試用縣丞張拱長

一件札取該員到工日期履歷冊由

札試用巡檢陳耀珠

閏二月 十六 日

一件批轉送咨署北七工王汎員呈請定授清冊由

批下北廳

閏二月 十八 日

一件詳明事 詳明檄飭新任北七工主簿曹茂檀赴任由

一件札委速赴北七工主簿新任由

詳督憲
咨藩司

札委新任北七工主簿曹戊檀

閏二月 二十二 日

一件札飭御史李俊奏禁止苛捐苛罰及门丁报捐官職作爲委員一摺奉上諭由

札五廳
都司

一件札飭嗣後無論何項勞績保舉並從前得保人員均領部照由

閏二月 廿六 日

札五廳
都司

一件札飭另造事宜清冊並發冊式由

閏二月 廿八 日 札五廳

一件咨送事 咨送在署在工充當要差人員考驗冊由

三月 [illegible]八 日 咨藩司

一件咨會事 咨會試用巡檢薛鳳翔到差一年應作爲甄别請註冊由

三月 初八 日 咨藩司

批直隸試用巡檢薛鳳翔

一件咨呈送事 送署北七工主簿曹茂檀到任職揭由

一件咨覆事　咨覆革職人員之履歷已咨送由

呈督憲

咨藩司

咨藩司

一件札取到工日期履歷冊由

札試用巡檢傅聖章

三月　初九　日

一件咨覆事　咨覆漏未考試候補均未在工年從傅知由

咨藩司

三月　十七　日

一件咨呈送事送候補縣丞蔡學曾等到工日期履歷清册由

咨呈

督憲
藩司

一件札知北岸同知缺以次儘先同知范金鏞補署奉部覆准由

札上北一廳

一件札知該員頂補額缺奉部覆准由

札試用縣丞劉乃煜

一件札取該員到工日期履歷册由

札試用從九品臧著綽

三月

廿一

日

一件札取該員到工日期履歷冊由

札試用縣丞劉康柱

四月初九日

一件咨覆事 咨覆三十四年到差各員接何人遺差由

咨藩司

四月十七日

一件呈送事 送本年正月分至三月分河工各員月報冊由

呈督憲

四月共日

一件札發丁憂漢員援劾滿員當差章程本由

札五廳
都司

一件札取到工日期履歷冊由

札試用縣丞尹崇序

四月廿八日

一件咨詳明事詳明委員代理南四工縣丞缺由

詳督憲

咨藩司

一件札委速赴南四工接印任事由

札委

批南四工縣丞曹廷瑞

五月初八日

一件札飭開復條例奏（原）内恐不免有四字訛作三字之處由

札五廳

都司

一件札取該員到工日期履歷冊由

札試用縣丞周鴻年

五月　初八　日

一件札飭該司事以妥設德律風遲延記大過一次由

札經曾德律風司事盧杰

五月　初十　日

一件咨詳送事　送上年秋季分河工未得缺各員簡明季報冊由

詳督憲

咨藩司

一件咨覆事　咨覆查明離工候補人員內有各處差委署事措資等員由

咨藩司

一件札飭北二下汛主簿缺以先儘縣丞章晉墀借署奉 部覆准由

札上北廳

一件札取該員到工日期履歷册由

札試用巡檢張廷棟

一件批稟固安縣巡弁張占魁毆傷周縣丞敬榮懇請 查核由

批署北岸同知萬鍾彝等

五月十二日

一件呈報事呈報公同日期由

五月十七日 呈 督憲

一件札飭該縣丞周敬榮赴南路廳投遞親供由

札候補縣丞周敬榮

一件批

稟遵飭提訊縣丞周敬榮被同安縣巡弁張占魁
强扭兇毆等情一案請飭該縣丞來廳投遞親供由

批南路廳

五月十八日

一件呈咨送事 送代理南罡同安縣丞秦景華到任日期履歷職揭由

呈督憲
咨藩司

五月十八日

一件札知署督憲那 上任日期由

札都司
五廳

五月廿三日

一件詳咨明事　詳明委員代理北六工州判缺由

詳　督憲

咨　藩司

一件札委速赴北六工接印任事由

札委候補從九謝慶榮

五月廿七日

一件咨覆事　咨覆查明離工候補人員內有各處差委署事措資等員由

咨　藩司

一件批稟　卑職現在藩轅充差請隨案咨覆並乞批示由

批候補縣丞湯銘彝

六月一日

一件詳明事 詳明代理南四工縣丞秦景華改為署理由

詳督憲
咨藩司

一件札知將該員改為署理由

札代理南四工縣丞秦景華

一件批稟卑職因病尚未全愈懇請續假一月由

批正任南四工縣丞曹廷瑞

六月初八日

一件呈咨送事 送代理北六工霸州州判謝慶榮到任日期履歷職揭由

呈督憲
咨藩司

六月初十日

一件呈咨送事 送署理南四工固安縣縣丞秦景華到任日期履歷職揭由

呈 督憲

咨 藩司

六月 十八 日

一件詳請事 詳請給咨候補知縣張榮凝赴部引見由

詳 督憲

批 候補知縣張榮凝

一件札知查明縣丞周敬榮被張占魁毆傷各節詳細聲覆由

札 上北廳

固安縣

六月 廿四 日

一件詳覆事 詳覆查明縣丞周敬榮被巡弁張占魁毆傷各節由

六月

一件札知督憲端 上任日期由

詳尹憲

批署北岸同知萬鍾彝等 日

札五廳 初三日

都司

七月

一件札取該員到工日期冊由

札試用縣丞王聯瑞

一件批稟為本河保案行知被火焚燬現因調驗懇請補發由

批署吉林長壽縣分防一面坡巡檢楊文孝

七月　　日

一件詳請事詳請試用縣丞江炳輝保案重複請改獎由

詳督憲

批試用縣丞江炳輝

一件呈送事呈送本年四月分至六月分河工各員月報冊由

呈督憲

一件札取該員到工日期冊由

札試用縣丞程志懷

七月廿三日

一件咨覆事咨覆候補同通差委肄業各員銜名清冊由

七月

一件咨呈送事 送試用縣丞劉康柱等到工日期履歷冊由

日 咨 藩司

呈咨 督憲 藩司

一件札飭院札行知北四上汛州同鄭其琛等定擬奏部覆准由

札南岸上北 廳

八月

日

一件詳咨明事 詳明委員接署接署北六工州判缺由

詳咨 督憲 藩司

一件札委速赴北六工接印任事由

札委准補盧濬司巡檢馬慶棠

八月一九日

一件院札行知候補縣丞周敬榮被巡弁張占魁毆傷一案分別咨革監禁由

札上北廳
固安縣

八月十三日

一件呈報事呈報公出日期由

呈督憲

一件札委代拆代印由

札

一件咨呈送事 送署北六工州判馬慶棠到任職揭由

呈
咨

督憲
藩司

一件札取該員到工日期履歷册由

札試用同知凌鑒

日

八月

廿二

一件呈報事 呈報公回日期由

呈 督憲

九月

日 初十

一件詳請事 詳請將本年安瀾尤爲出力各員弁先行給予外奬由

詳 督憲

九月　十三　日

一件詳請事詳請留工差委並代繳部照由

一件札取到工日期履歷由冊

詳督憲

批候補主簿莊榮

札試用巡檢張起熙
縣丞王鏖璞

九月　廿四　日

一件會詳事會詳署北三工州判刘兆霖寔授由

一件咨送事送前由會詳

詳督憲

咨藩司

一件札飭取具該廳並所屬寔缺人員統計表由

札五廳

九月廿九日

一件咨送事 咨送本署各委員銜名一覽表由

咨財政局

九月三十日

一件呈報事 呈報公出日期由

呈督憲

一件札委事 札委代折代印由

札北岸廳萬丞

十月　十三　日

一件呈報事呈報公回日期由

呈督憲

十月　二十　日

一件詳咨送事送上年秋冬二季分文職各員履歷季報冊由

詳督憲

咨藩司

一札知護督憲崔　上任日期由

札五廳

都司

一札知詳請將該員留工差委並代繳執照奉　院批准由

札候補主簿莊榮

十月 廿一 日

一件咨詳明事 詳明南七工主簿等缺以署北四下汛知丞項壽金等赴任由

詳督憲
咨藩司

一件札委該員等迅速接印任事由

委寔任南七工主簿項壽金
新任北四下汛縣丞王養年

一件咨詳明事 詳明准補北岸同知范金鏞等赴任由

詳督憲
咨藩司

一件札委該員等迅速赴新任由

委新任北岸同知范 金鏞
北二下汛主簿章晉墀

十一月初二日

一件札飭該員開具詳細履歷親身赴部驗到由

札已革北岸同知裴錫榮

一件札取到工日期履歷冊由

札分缺先補用縣丞韓蔭椿

十一月初三日

一件札知藩司咨截取知縣迎喜條陳九事由

札五廳
河營都司

十一月初五日

一件詳明事 詳明北六工州判等缺以北下汛縣丞王養年等互相調署由

詳 督憲

咨 藩司

一件札委速赴各汛任事由

委 北四下汛縣丞王養年

南七工主簿項壽全

署北六工州判馬慶棠

一件札知北河試用縣丞江炳輝保案重複請改獎一片奉 硃批由

札試用縣丞江炳輝

十一月 日

一件呈送事 送本年七八九三個月分河工各員月報冊由

一件咨呈送事 送試用同知凌鑒等到工日期履歷冊由

呈 督憲

一件咨呈送事 送署北岸同知范金鏞等到任職揭由

呈督憲

咨藩司

呈督憲

咨藩司

一件札取該員到工日期履歷冊由

札議叙試用縣丞葛鴻洲

十一月十七日

一件咨詳明事 詳明委員接署盧溝司巡檢缺由

詳督憲

咨藩司

一件札委速赴盧濟司接印任事由

委候補主簿趙錄仁

十一月十六日

一件会詳事　会詳署北六工州判李兆年實授由

詳督憲

一件咨送事　送前由会詳

咨藩司

十一月十九日

一件呈報事　呈報公出日期由

呈督憲

一件札委代拆代印由

十一月　二十　日　札南岸厰沈丞

一件呈報事　呈報公回日期由

十一月　廿八　日　呈督憲

一件咨詳明事　詳明北中汛縣丞莫鈞撤任委員接署由

十二月　二十二　日　詳督憲　咨藩司

一件札委署理北中汛縣丞缺由

札委候補縣丞屠忠立

一件詳送事 送研究所学員畢業試卷等第分數清摺由

詳 督憲

一件詳明咨会事 詳明将先侭主簿李嘉瑞飭回原省試用由

詳咨 督憲 藩司

一件詳送咨明事 詳送咨署北四下汎縣丞王養年捐免寔授部照由

詳咨批 督憲 藩司 署北六工州判王養年

一件呈咨送事 送調署北四下汎縣丞項壽全等到任職摺由

呈咨 督憲 藩司

一件札知督憲上任日期由

札五都司廳

十二月初三日

一件咨送事 咨送河工研究所學員畢業等第分數清摺由

咨 藩司

十二月初六日

一件詳請事 詳請試用從九品呂賢鍇稟請頂補額缺由

詳 督憲

批試用從九品呂賢鍇

一件轉報事 轉報試用未入流盧杰丁母憂日期由

詳 督憲

咨 藩司

十二月初九日　札試用縣丞王廷弼

一件札取到工日期履歷冊由

十二月十一日　詳督憲　咨藩司

一件詳咨明事　詳明石景山同知沈葆澄撤任委員接署由

十二月日　札委候補同知陳鹿芝

一件札委署理石景山同知缺由

一件詳請事 詳請試用閘官王侑清頂補額缺由

詳 督憲

批試用閘官王侑清

十二月 十五 日

一件詳送事 送本年春季分河工未得缺各員簡明季報冊由

詳 督憲

十二月 十八 日

一件札飭前署盧溝司巡檢李兆年丁憂供結由

札石景山廳

十二月 廿一 日

一件咨送事 送本年年終吏役冊由

咨藩司

一件札發該員捐免寔授部照由

札署北六工州判王養年

十二月　廿二　日

一件札飭該員頂補縣丞沈晉蕃病故遺額奉院批准由

十二月　日

札試用從九呂賢弼

宣統叁年拾月　　日

收發軍械子藥數目簿

一發固安縣領借軋來司槍十枝

十一月初五日

一收哨長王永立等繳還來福槍四枝

一發南二工鄭汎員領借來福槍四枝

又領洋藥五斤

又領銅冒二百粒

一發固安縣領借土抬槍六枝

一提歸署内存軋來司槍四十枝

又大毛瑟子一千二百顆

又单刀壹把

又更鼓壹面

十二月二十日

一收哨官王永立等繳還來福槍一枝

一發南四工劉汎員領借來福槍一枝

一發固安駐防營領借軋來司槍二十枝由提存內發

又領大毛瑟子四百顆由提存內發

十二月廿八日

中華民國元年

一發固安縣領借帳棚四架

鉄橛二十四根

帳杆十二根

一發哨官王永立等領子袋五個

皮帶四十條

一發潘大人借去十三响子一百二十粒

一發哨官王永立等領毛瑟子七百粒由提存内發

一發馬勇李得生領毛瑟子一百粒由提存内發

三月　　日

中華民國元年　潘大人任內

一提發洋葯二大盒給兵班頭目

二月　　　日

一提馬利夏子一千粒

一提天門蓋槍一枝

一提天門鎖槍一枝

一提銅冒五盒

一提盛槍大箱子一個

一提發硫磺一百六十斤給兵班頭目更換火葯

一提破（發）壞大號二支給親兵修理學習之用

五月初四日

頭棚什長 盧澤民

親兵 王壽昌

潘立悝

魏得恒

侯得生

何承勝

王樹春

晏家齊

二棚什長赵璸

親兵朱致祥

鄭祥

董升

龐雲池

董煜

柯貴

鄭順

三棚什長楊　義

親兵刘良玉

濤仲卿

左宗棠咨呈

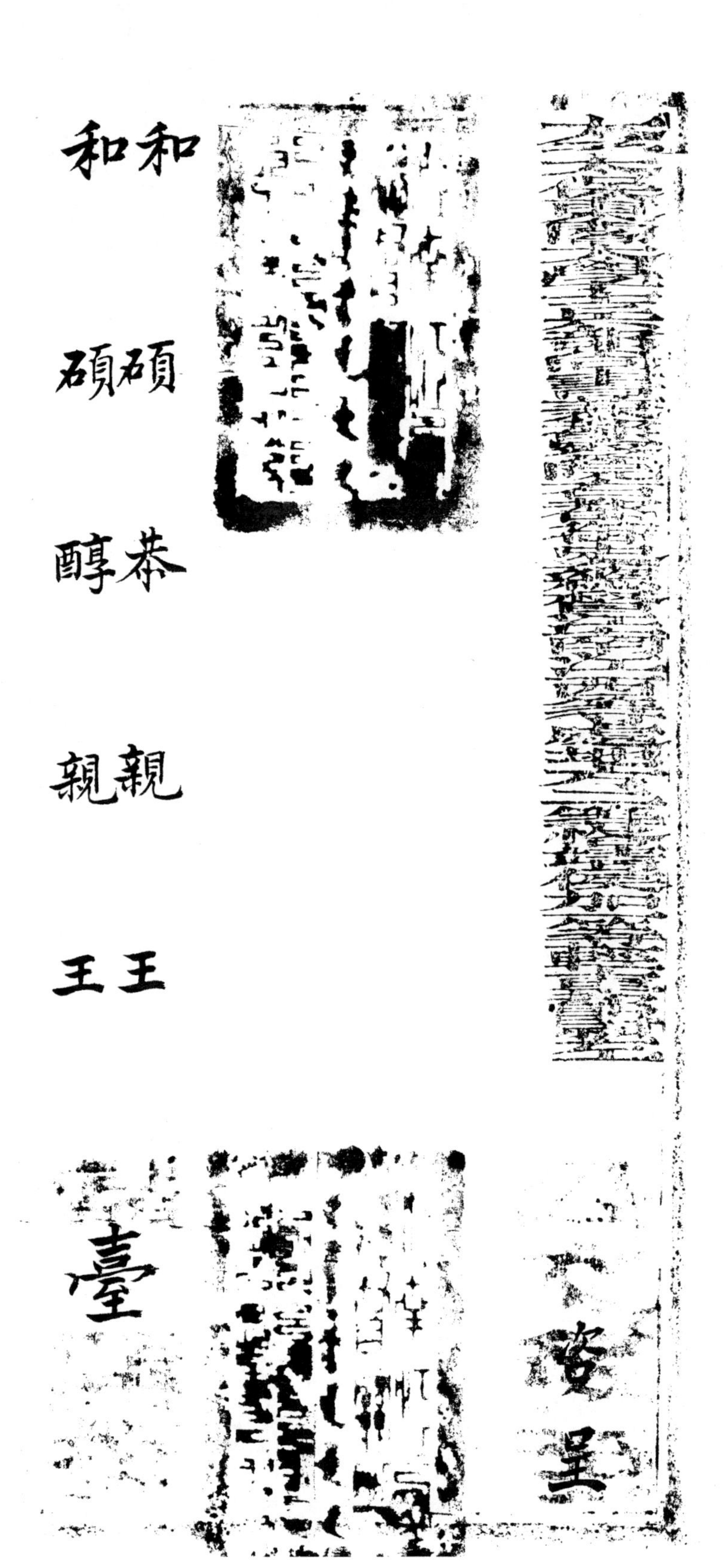
資呈
和碩恭親王
和碩醇親王
臺

和碩恭親王
和碩醇親王

太子太保文華殿大學士兵部尚書[illegible]一等[illegible]

咨呈事為照本爵閣督大臣接奉

鈞咨內開光緒七年十一月初四日具

奏察看永定河工現已就緒請

飭實力辦理一摺本日欽奉

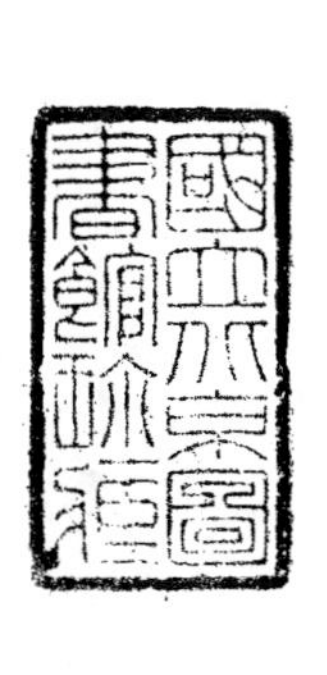

為

慈禧端佑康頤昭豫莊誠皇太后懿旨恭親王　醇親王　奏察看永

定河工作情形一摺直隸永定河下游工程業經左　督飭所部按照分

派地段挑濬蕆事其上游一帶現已將築壩分渠等工逐段次第興辦

地方相安河務可期就緒此次已成工作著直隸總督順天府府尹隨時

認真修治裨益農田毋任日久頹廢此外應行修濬處所并著李鴻章

等察勘奏明辦理以興水利而裕民生欽此除分行外相應恭録

懿旨并鈔原奏咨行大學士兩江總督左　　欽遵辦理等因承准此竊查

前福建藩司王德榜道員王詩正所帶親軍各營哨上年春間

奏明調駐

畿郊興修水利雖稍著成效究為營勇在防無事應辦之舉乃蒙

親詣察勘重予犒賞并蒙

奏奉

懿旨獎以地方相安河務可期就緒不獨閤營員弁勇丁感激

鴻慈歡欣鼓舞本爵閣督大臣竊幸得所藉手仰荷

恩褒欽服之忱尤難言喻除札飭王藩司迅將未完工程加意經理務期堅

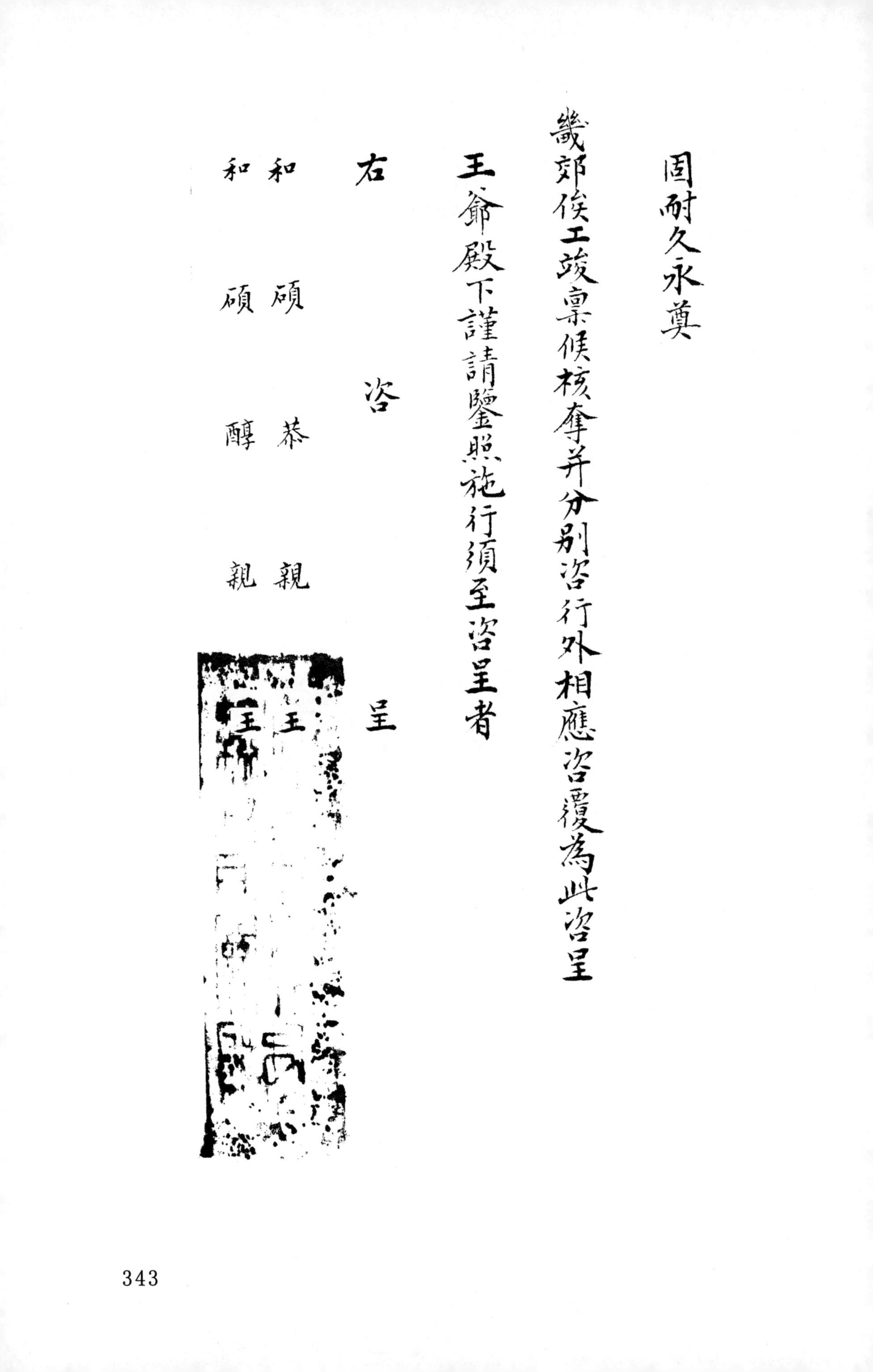

固耐久永奠

畿郊俟工竣稟候核奪并分別咨行外相應咨覆爲此咨呈

王爺殿下謹請鑒照施行須至咨呈者

右　　咨　　呈

和碩恭親王

和碩醇親王

光緒捌年貳月初叁
日

附繳壹件
壹
劉
貳
初叁
寶慶縣汜水舟

李鸿章咨呈

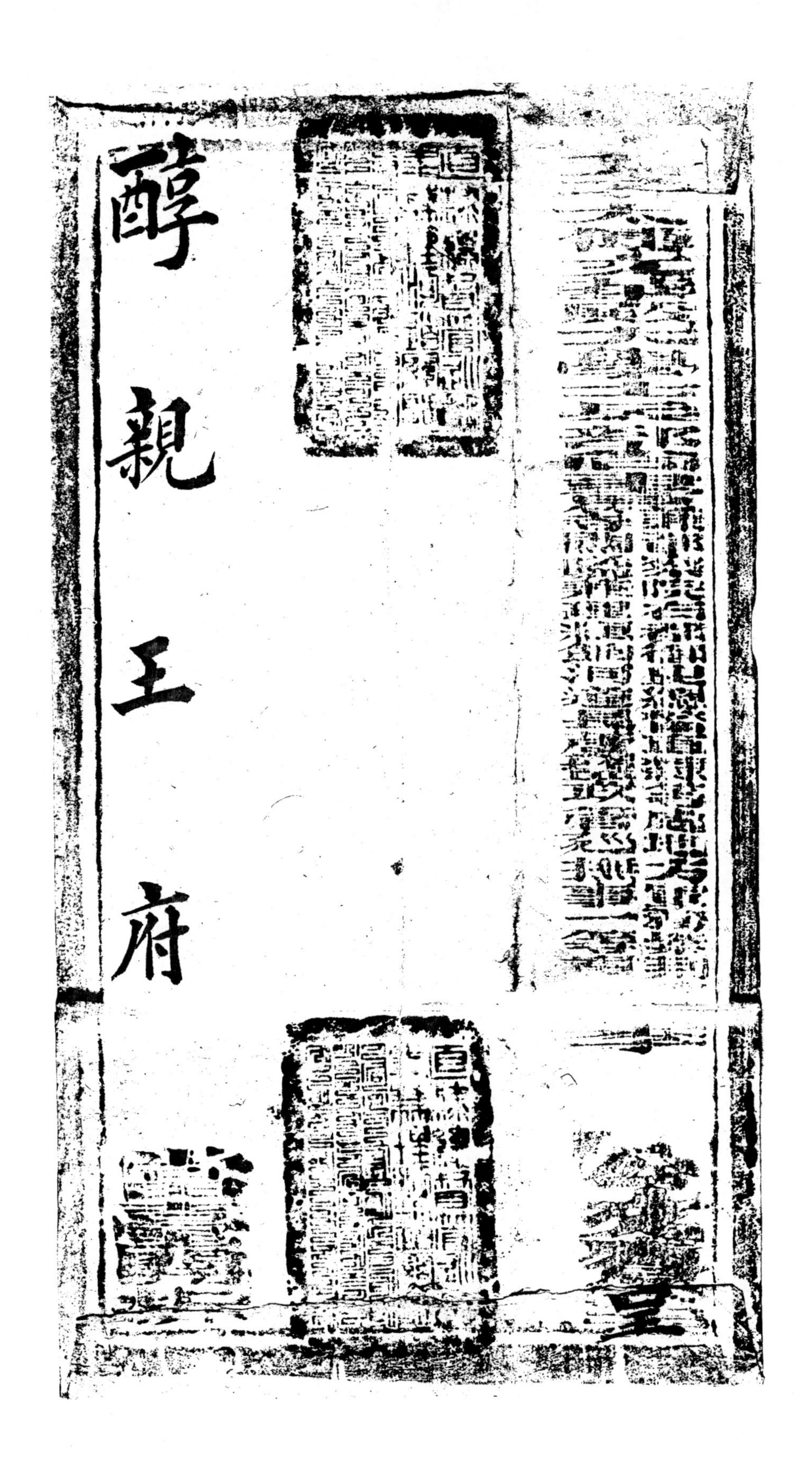
醇親王府
皇

醇親王府

咨

太子太傅文華殿大學士兵部尚書都察院右都御史總督直隸等處地方軍務兼理糧餉河道兼管巡撫事一等肅毅伯李 爲

抄摺咨呈事。竊照本閣爵部堂於光緒七年五月二

十日在天津行館會同順天府尹由驛具

奏覆陳直隸河道地勢情形歷次辦法一摺，相應抄摺

咨呈。

王爺謹請查核施行須至咨呈者

計咨呈抄摺一扣

右　　咨　　呈

醇親王殿下

光緒七年五月　二十　日

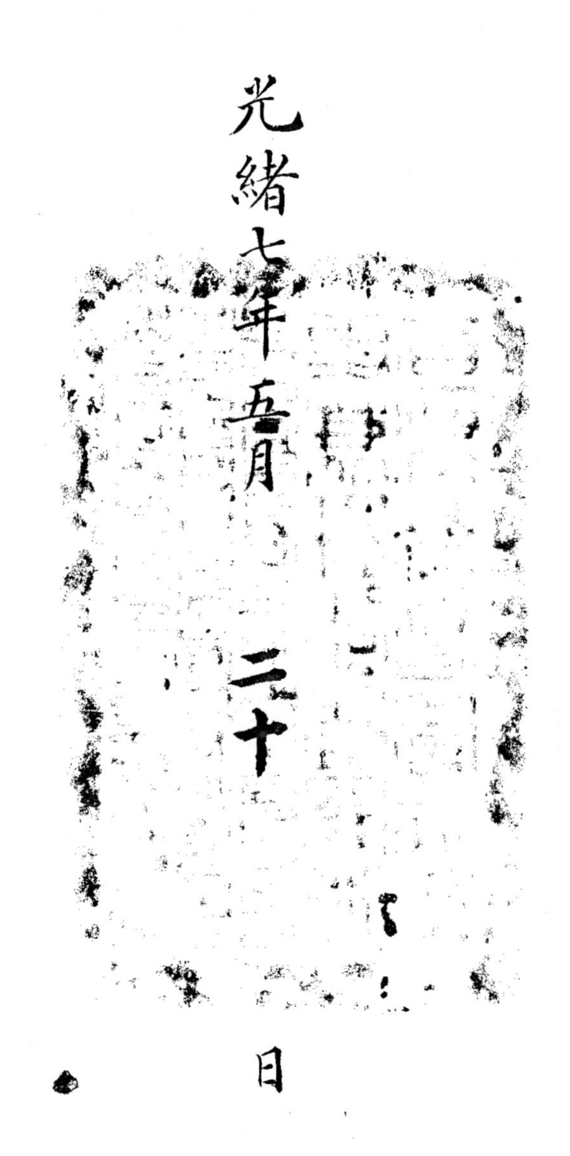

抄

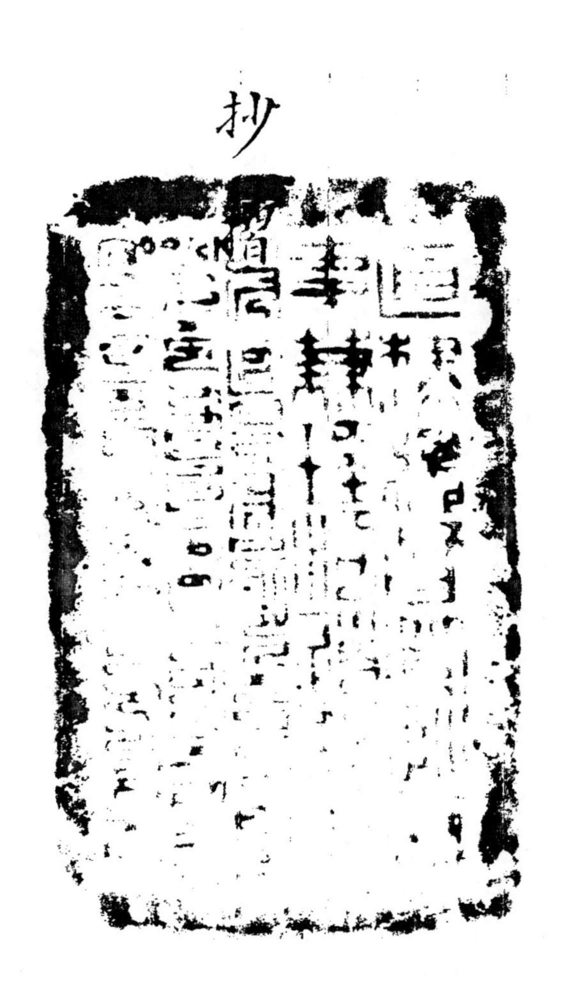

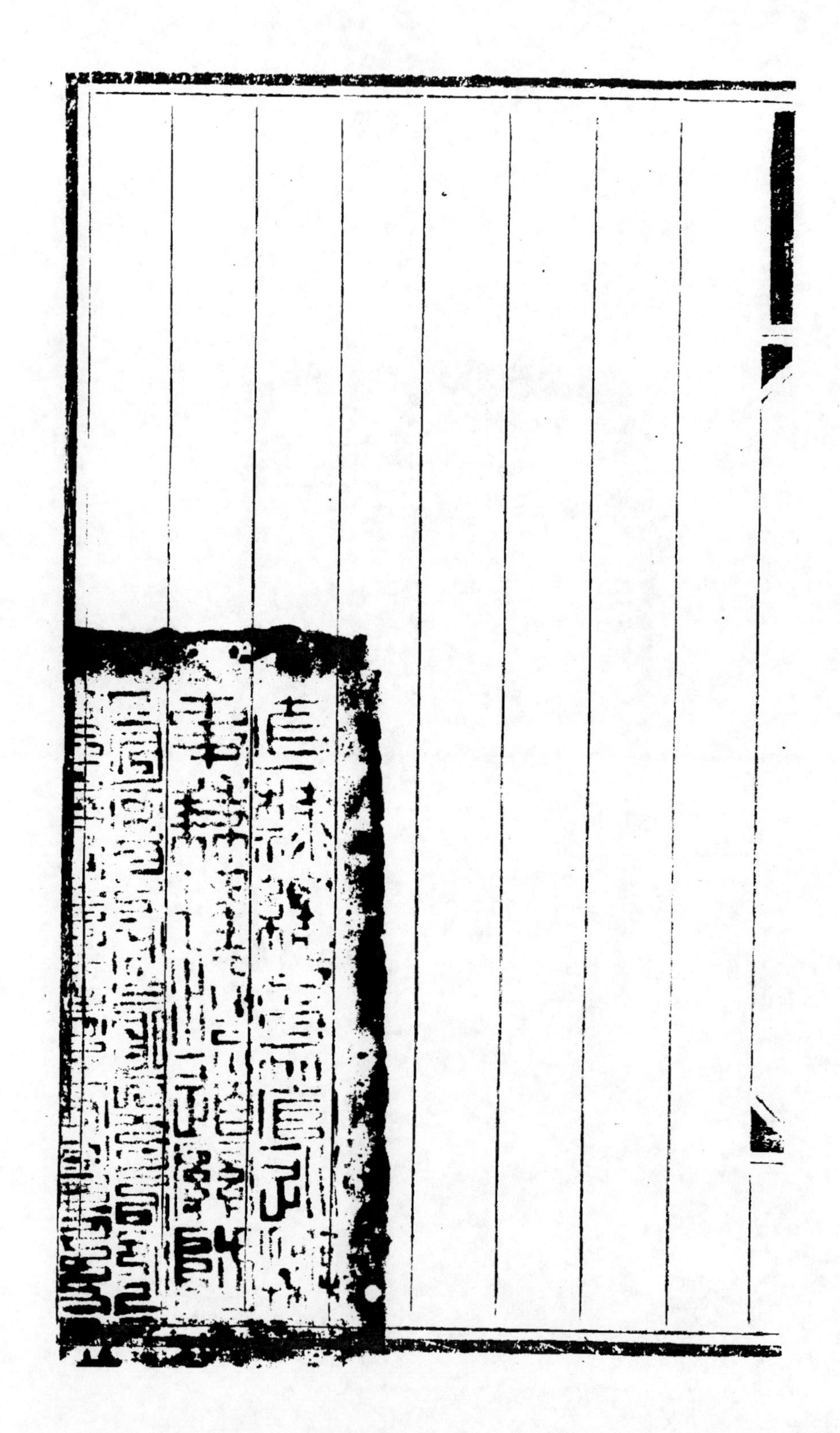

永定河改道說

謂渾流易淤善潰其病有三河底高河面窄河尾平此欲去三病只有改道一法由金門閘放水入清河此桑乾文定公嘉淦曾行之後因民地被淹仍改河使東現在南隄外膏壤膴膴村莊亦淤大清河兩隄展寬亦不易辦若以南隄為北隄而於大清之北再築南隄一道圈安永清兩城難於遷讓至以北隄為南隄之說通志中曾詳言之然兩隄相去必十里至少亦須五里此五里寬百餘里長之田廬如何撥補遷徙非一時所能集議此理雖極是竟極准而人力非可猝

施者也

畿輔通志

或問曰永定之宜改道何也曰永定之始本漫流也東遷西移月異而歲不同今自盧溝以下夾以長隄行之百有餘年濁流淤墊時消時長且每有漫口斷流以後必須挑挖積土兩旁仍復蕩入河槽此隄內之所以日高也河身既高則隄隨之而長隄岸既長河身亦淤而日高故水勢稍長則漫溢立見曰不改於南岸而改於北岸者何曰北岸有三便焉求賢草壩而下沿河舊有減水河雖不甚寬展而歲加挑挖頗為深

通此可因之而省功一也又沿而東折而南又東至八工無州縣城郭遷建改置之費二也且歸入舊河或將北七工横堤挑通或至八工末歸引歸母豬泊其勢皆就下引流為易三也若南岸減壩引河直南下經固安達霸州不可因用且於長安城改流則必自雙營引入舊河其地河身高而堤外窪又因固安縣治近在河南五里永清縣治近在河南十餘里恐日久不無遷改之慮故謂不宜在南而宜在北耳謹按八工即現在北七工之尾堤北十里外有東安縣城求賢草壩減河狹不過數丈非能容水又母豬泊近亦淤平但地多砂鹹村莊較南岸為稀每歲野潦亦靠堤漫一二里耳

永定河重培老堤拆除堤內越堤免佔河身說

永定河身內之越隄皆因漫決刷出深槽無法堵過不得已收進兩壩於老灘上添築越隄合龍合龍之後理應拆除越隄培守老隄使河身仍如前寬方順河流惟工程太大防守亦屬不易今查盧溝橋下南岸石隄同治十年漫決係就灘上做壩合龍而河身收窄七十餘丈現在縱難修復石隄亦應重建土隄但該處全係砂石欲取膠土遠在二里之外工長數百丈所費不貲應否俟秋汛後細估請

示定奪又南七六號氷窖地方本係乾隆年間河身從前幾於無歲不決後不得已在河灘上圈越隄十餘里然河身佔去半里若重培老隄而

舊硐溝槽寬深溜勢一逼隄根有進無退勢必仍舊衝開惟有將老隄加築高厚其溝槽內並做土格數道倒引漫水放淤俟溝槽淤平然後拆去越隄若於南七開一新河以挑河之土培南岸之隄則此越隄自應拆去並不必做土格放淤矣應否俟秋汛後細估請

示定奪

永定河通工擇要加培隄埝說

人謂河淤高不浚之使深而但知隆其隄此苟幸目前計耳不知浚深用力多且久而見效甚微大汛一來汪洋拍岸一綫漏出遂不可支故

培隄埝以禦漫水亦屬急則治標之法永定河現在隄上加一子埝較

河灘僅高三尺者居多若普律加培以五尺為度庶幾大水漫灘不致

蹂虞此時已臨伏汛不及趕辦擬俟秋後細估請

示定奪

永定河改下口說

卷查同治十一年故李升道朝儀等有改下口之議緣南七六號氷窖地方

從前屢堵屢決形勢萬萬難守不得已在河身內圈越隄十餘里若論地勢

順水性聽河由此出隄歸康乾年間之舊河但大築南隄一道約六十里較挖河

五十餘里出土百丈以外用力省矣而以現在南七迤下之南隄就爲北隄則下口不濬而自較低丈餘上游通工受益不可數計惟從前老隄形勢不一尚須相度擇好土處所興築村莊雖係從前奉

旨遷徙田地雖聞曾經撥補而事遠年湮案牘難考小民安土已久勢必驚懼其應如何安撫之處或酌給護村隄埝銀兩或照案再給遷徙之費非河員所能凝度現在大汛已臨河員不能往估而禾苗草木遮蔽不能望遠形勢亦難履勘若凝興辦應請秋後另派大員會地方官察度

故李升道朝儀等改下口議

一下口宜酌改也查永定河本名無定發源山西朔州之馬邑千里外千溪萬澗奔騰下駛泥沙雜半過盧溝橋地平土疏易淤善潰衝蟹靡定從古未曾設官管治蓋知其治之不易也我

朝康熙三十七年

聖祖仁皇帝憫畿民之昏墊命撫臣于成龍創築沙隄當時民賴以安後二年因安瀾城淤墊改下口於柳岔口雍正四年因柳岔口淤墊改下口於王慶坨乾隆間一改下口於氷窖再改於賀老營三改於條河頭皆因下游水緩沙停河身壅閼

高宗純皇帝觀永定河下口題詩註云自乙亥改移下口以來此五十里之地不免俱有停沙目下固無事數十年後殊乏良策未免永念惕然也等因欽此

先幾預見之明萬世臣子同深欽佩迄今百有餘年下游河身反高於康熙年間棄而不用之河一丈餘尺職道等去年遴弁從盧溝橋用水平量至鳳河止共二百四十一里計上高於下十四丈三尺七寸五分每里僅低五寸九分六厘欲其流行迅疾是以難矣今春籌撥鉅欵挑挖河道職道等督飭員弁裁彎濬淤照原估尺寸親自驗收並不短少但所挖之

河一經水走即有停淤逐漸增高尋常小漲水落槽中行駛尚覺
不滯大汛盛漲上游奔流奮激幾不能容下游則橫漫数十里仍復蕩
漾留沙每年桑乾時二百餘里之河無不停壅泥沙一二尺一望茫茫
不知幾千萬斛人力幾何要能挑挖淨盡議者謂南七工隄長二十八
里土性純沙地極窪下其外即冰窖鄉岔口舊河也為水所必行之路
夙稱老險舊特決口衝成坑塘屢治屢壞同治六年該汛六號隄身竟於
冬月坐潰寔為從來未有之事不得已於坑塘前築大壩以蔽之東
西各障以小隄而河身愈收愈窄泥沙愈積愈多容水無幾每逢水長

三五尺即漫淹至隄隄係沙築經水浸潤雖極多方防備終虞塌陷若盛漲則無不漫決夫正河之下游既淤成平坦而不能遂其迅駛其窪下之舊河又重隄障遏而與之爭無論多耗錢粮勞費無已而屢堵屢決於民生反難保衛且下口不暢則上游處處喫重全河之病更難醫治從長妥計若改道於氷窖柳岔口之舊河另在南隄外重築一隄阻其南趨入淀之路仍由韓家樹歸正河入海則下口暢流上流自無漫溢之患

永定河疏濬下口中洪説

同治年間大加疏濬二次水過仍淤蓋以廢土只能堆距河口十丈以外水小流行新河固見其速不致停淤而大水一至連新挖之河與挑出之土一望皆在浩渺之中奔騰澎湃高低仍蕩而使平若兩面出土百丈之外則河灘寬有二百丈引溜入河兩面廢土隱有隄勢或可束水攻沙然工費較大非數年不能辦完且恐積水難消無從接辦惟有挑南七以下南北兩河之一法尚可試行既可就近送土於隄又可寬留河灘容水雖日久河無兩行而培隄與容水之益固在也查南六以下河底漸高而其六號氷窖地方內高外低尚有衝決舊槽歷年漲發無不破壁擬自南六工

尾起至南八上汎三號止約三十三里在河內離南隄三五十丈之遠挑河一道深五六七八尺不等寬三五十丈下接南八現行之河即以此挑河之土全培南岸老隄庶舊險可閉河灘加寬隄工藉以圍護至於北岸一河只就現行之河順勢挖淤切坎亦以其土幫培北岸之隄共約計土四十萬方上下以五千人挑挖三月或可告竣此言南七一帶下口之辦法也若南八上汎以下河已逼刷南隄雖屬順溜之險而隄身太薄十分喫重先應就河身取土以培三十餘里之隄再從南八上汎三號起另向北開一新河至鳳河止即俗謂中泓也其挑河之土不能遠送三十里外之北岸但專堆於北距河口有三十丈

之遠距南岸有六七八里之遠廣幾容水來水兩受其益惟工長五十里用力加倍似應俟前工告畢再行相機舉辦此南八以下下口之辦法也同係開挑兩河南七則專挑南一河南八則專挑北一河各仍就其一面現走之河辦法雖難較之改移下口為易固不敢謂一勞永逸亦不敢謂下游暢則上游必無衝決然南七以下隄固河寬究於宣防有益無損所謂勢雖不能持久而可暫救其敝者也

疏濬中洪之說但指下口河身寬處而言耳若南七以上淤勢無不緊靠隄根即挑河中高灘斷無如原河之寬深不能強水使走若堵閉舊河使

走新河終覺形勢不順反覺[illegible]險閘而新淤生新淤若係沙土料亦不湊手更難防護同治以來屢經辦過收效極罕故要開[illegible]舉謂非萬不得已切不可在灘另開新河此挖中洪之說只宜隨時相機而辦不敢預為定也

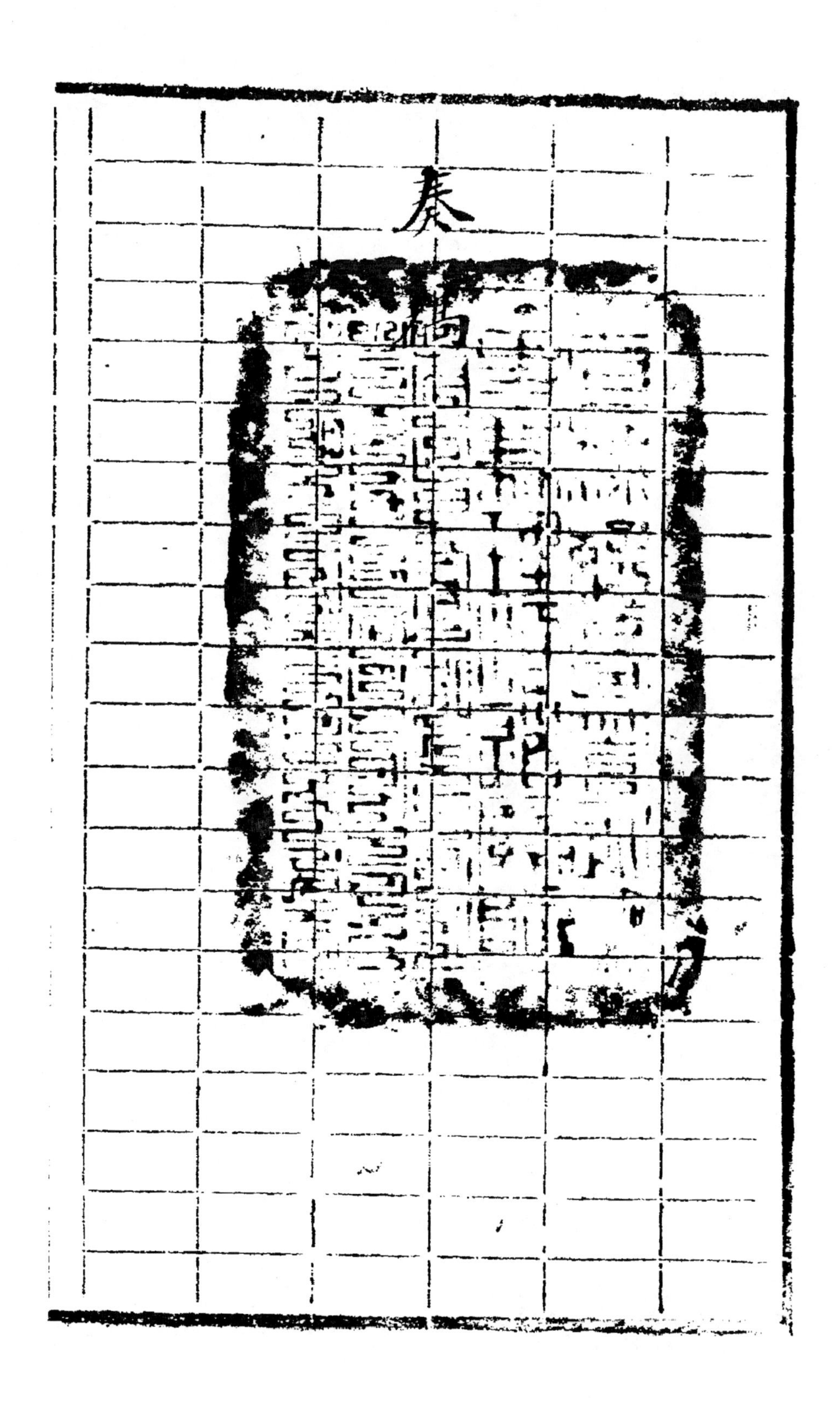
奏

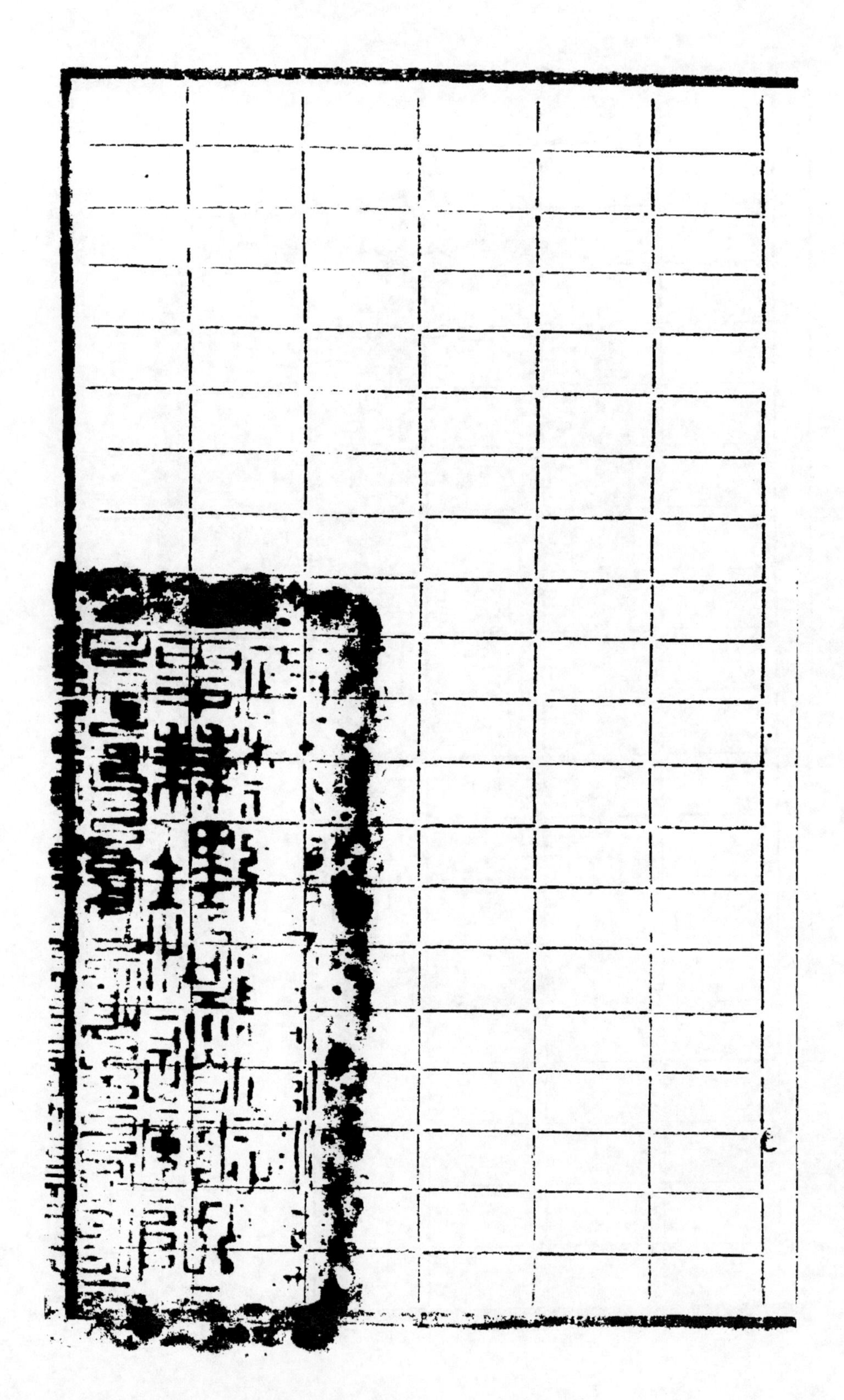

奏為覆陳直隸河道地勢情形節次辦法恭摺仰

祈

聖鑒事竊 臣欽奉光緒七年二月三十日

寄諭左宗棠奏擬調馬步各營興修水利等語據稱

順天房山直隸正定等處近年地勢迴異從前不

修水利則旱潦相尋民生日蹙治水之法下游宜令深廣上游宜多開溝洫擬令所帶現紮張家口各營移治順天直隸上游水利其下游津沽等處仍由直隸總督經理著李鴻章董華李朝儀將各該處地勢情形及應如何辦理之處會同籌議具

奏等因欽此並准順天府尹臣咨請主稿會奏前

來伏查近畿水利關係

國計民生興修無待再計臣蒞直以來迭經察酌

籌辦未敢稍涉漠視惟限於地勢財力河淀又

受病過深有難盡利無害者溯自宋元迄明代

有興作寔效鮮聞惟北宋何承矩就雄霸等處

平曠之地築堰為障引水為塘率軍屯墾以禦

戎馬專為設防起見今之東西淀皆其遺址維
時河朔本多曠土堰外即屬敵境聽其旱澇無
關得失故可專利一隅厥後人民日聚田疇日
闢野無棄地不能如前之佔地曲防故治之之
法亦復不易我
朝康熙雍乾年間屢蒙

聖祖仁皇帝

高宗純皇帝巡行規畫指授機宜迭

命賢王重臣董理其事先後歷時數十年官民用費千百萬濬築兼施節宣備至始克奏功然旱澇仍不能免即如雍正四年甫報工竣而五年夏秋永定等河漫決多口各屬被水者三十餘州縣

其營成之水田又因缺雨難資灌溉未幾而多改旱田蓋河道本來狹隘既少餘地開寬土性又極鬆浮往往旋挑旋塌且渾流激湍挾沙壅泥沙多則易淤土鬆則易潰其上游之山槽陡峻勢如高屋建瓴水發則萬派奔騰各河頡形壅漲汎過則來源微弱冬春淺可膠舟迥不如

南方之河深土堅能容多水源遠流長四時不
絶也伏讀乾隆二十七年十一月
高宗純皇帝諭曰從前近畿議修水利營田未嘗不再
三經畫始終未收實濟可見地利不能强同等因欽此
聖謨燭照洞見本原此往事之可考而知也乾隆以後
未興大役道咸以後軍需繁巨更兼顧不遑即

例定歲修之費亦層疊折減於是河務廢弛日甚凡永定大清滹沱北運南運五大河又附麗五大河之六十餘支河原有閘壩隄埝無一不壞減河引河無一不塞其正河身淤墊愈高永定河在雍乾特已漸高仰今視河底竟高於隄外民田數丈昔人譬之於墻上築夾墻行水水

非一日已而節宣西南路諸水之南泊北泊節

宣西北路諸水之西淀東淀又早被濁流填淤

或竟成民地其河淀下游則僅恃天津三岔口

一線海河迤邐出口平時既不能暢消秋令海

潮頂托倒灌自胸膈腸腹以至尾閭節節皆病

是以每遇積澇盛漲橫衝四溢連成一片順保

津河各屬水患特重此同治十年前後之情形也曾國藩蒞直時首以治河為務而未克興辦大工臣接任後適值連年大水迭次遴員周歷勘驗並隨時親自察度詳稽往牘博采羣言求所以修治五大河東西淀之法蓋五大河為一省之綱東西淀為各河之委須先從此入手若

房山正定一帶尚非急切者五大河中以來定河之害爲最深然蘆溝以上東於兩山之間向無工程其病寔在蘆溝以下須桃去二百餘里中泓一二丈之積沙方能順軌否則以南隄爲北隄而改河使南另築南隄以障之亦可安流弭節而去此二策者勞費皆不可勝計若桃去

全河極厚之積沙自來無此辦法亦無出沙堆積之處若改南隄為北隄則固安永清兩縣城近靠南岸須議遷建尤於民情不順其大清北運南運則須分別挑濬河身加築隄埝修復閘壩減河始保安瀾統計工程皆極繁巨萬萬無此財力滹沱趨向無定自來不設隄防同治七

年由虆城北徙以文安大窪為壑其故道之難

復上游之難分下游之難洩曾國藩與臣均詳

陳有案東西淀寬廣百數十里淤泥厚積人力

難施此費鉅工艱不能大辦之情形也考之往

事既如彼揆之今情又如此臣目擊時艱既不

敢顧求臣第於

君父又不忍坐視顛沛於民生只有逐漸設法量力
補救豈有畏難苟安任其自盈自涸之理頻年
以來修復永定河金門閘及南上北三灰壩以
資分洩裁灣切灘以紓溜勢加築隄段添備蔴
袋土車以助搶險大清河則於新雄境內開蘆
僧減河於霸州文安境內接開中亭河勝芳河

以分洩上游盛漲於任邱開趙王減河以分洩西淀
盛漲並將隄埝分別修築今年又於文安左各莊至
台頭挑挖河身二十六里寬十餘丈深丈餘以暢下游
去路滹沱河則於河間及文安窪酌開引河兩道
今年又於獻縣朱家口另闢減河三十餘里均歸
子牙河達津以輕河獻任雄霸保文大積患北

運河則於通州築壩挑復潮白河歸槽不使橫溢於香河王家務武清筐兒港修復石壩以減漲水於天津霍家嘴疏濬引河以通下口今年又於武清寶坻境內挑挖筐兒港王家務兩減河河身以資暢洩南運河則於青滄靜海等處修復堤工二百餘里圍東境四女寺哨馬營直境捷地興濟四處減河

久廢遂於靜海之靳官屯另開減河六十餘里使別途出海不併注於津河又於天津城東永定大清滹沱北運交會之陳家溝開河百餘里以分洩四大河之水逕達北塘入海庶免海河過於壅滯其無深蠡博高陽一帶則堅築瀦龍河隄以防滹沱北越任邱至天津一帶則加築

千里隄格淀隄使河自河而淀自淀西沽韓家

樹上至東淀則用西洋機器船節節挖淺水路

已通又於廣平開洺河順德挑灃河趙州濬滹

槐午河及此外各屬河道隄埧受害較深者亦

隨時酌量疏築並令地方官民於無碍運道官

隄之處或擇開濬洫或疏水灌地有泉源者察

看疏濬距河遠者開鑿井眼若河間府屬井工則係專案辦理以上歷年所需工費除勻撥賑款捐項以工代撫外並抽調淮練各軍分助挑辦淮軍統領周盛傳更於津東之興農鎮至大沽創開新河九十里上接南運減河又於減河兩旁各開一渠以便農民引灌其興農鎮以下

又開橫河六道節節挖溝引水營成稻田六萬
畝且耕且防海壖有此溝河亦可限戎馬之足
此臣頻年就賑捐兵力竭蹶經營之情形皆有
奏牘可稽者也自來河道必須上下游並治是
以臣於各河上游或修復閘壩酌開減河以資
分洩下游或挑濬正河添闢減河以暢去路近

年順保津河各屬水患較輕尚不致橫衝四溢連成一片但值廢弛已甚之後官民交窘之時迴與康熙雍乾年間情事不同僅能量力補苴寔無從更張大舉若欲使各河一律順軌則必籌定鉅費先將永定河自蘆溝以下二百餘里改河築隄可保數十年無患又將大清河雄縣

一帶之淤窄挑寬濬深北運南運河卑薄未補之隄埝淤廢未復之減河分别加修東西淀南北泊及津東之堿河等淀為節宣諸水之區尤宜設法疏濬使可容受蓄洩並將西淀上游蠡高境内之瀦龍河淤窄挑濬寬深再次則酌修各屬支河及畿東之薊運等河務使脈絡貫通

經緯畢具悉去胸膈腸腹尾閭之病然後廣開

滈涵相濟為用庶水害既除而水利可興不致

此旱彼澇此盈彼涸惟統計最要次要各工甚

巨即如永定一河若照議興辦土方不知凡幾

其一切閘壩物料工用器具佔用旗民地等項

為費亦復不貲寔非數營兵勇所能辦到臣部

淮練各營僅二萬餘人分紮海防邊防及內地各要隘修築砲台彈壓地面緝捕盜賊各有專司只能抽暇就近酌調助役勢難全撤要防停罷搽巡以致顧此失彼今年濬文安之大清河開献縣之滹沱減河挑寶坻武清之北運減河並於高陽修瀦龍河隄任邱修千里隄全賴東

南各省官紳集捐協助始克就緒然已竭忠盡
歡此後斷難為繼本省向係缺額入不敷出更
無餘款可籌倘能如康雍年間故事約計現在
應辦工程先行由部按年撥給銀百餘萬兩自
可分投勘議招雇民夫助以兵勇及時擇要辦
理次第興作惟部庫拮据外省支絀伊犁償卹

等項尚待籌付竊恐一時難集鉅款似仍只能量力籌辦未便剋期奏效左宗棠以所帶各營移治上游正可輔直力之不逮前已咨請飭挑涿州北關外拒馬河淤沙以試其端並經左宗棠不辭勞瘁親履察勘惟本屆伏汛將臨盛漲即至難再別施畚鍤此後應修何處即由左宗

棠察酌隨時會商當飭地方印委寔力襄助相

與有成徽　臣忝司守土兼任河工責無旁貸昨

已督飭司道詳確勘議無論上游下游仍當統

籌兼顧盡其力所能行以期逐漸補救惟賑捐

既已停止本省又無款項可籌將來必不可少

之工需只可奏懇由部酌撥以資接濟此現時

統籌酌辦之情形也正在具摺間接准部咨以
左宗棠前奏水利事宜業經醇親王遵奉
懿旨覆奏蒙派恭親王醇親王會同左宗棠及臣等妥
議奏辦等因仰見
朝廷廑念民生慎重水利至意除抄摺咨呈恭親王
醇親王並咨左宗棠酌核仍隨時會籌議辦外

所有臣等原奉

寄諭統籌酌辦緣由合先會同兼管順天府府尹臣

童　署順天府府尹臣張　恭摺由驛覆陳

是否有當伏乞

皇太后

皇上聖鑒訓示遵行謹

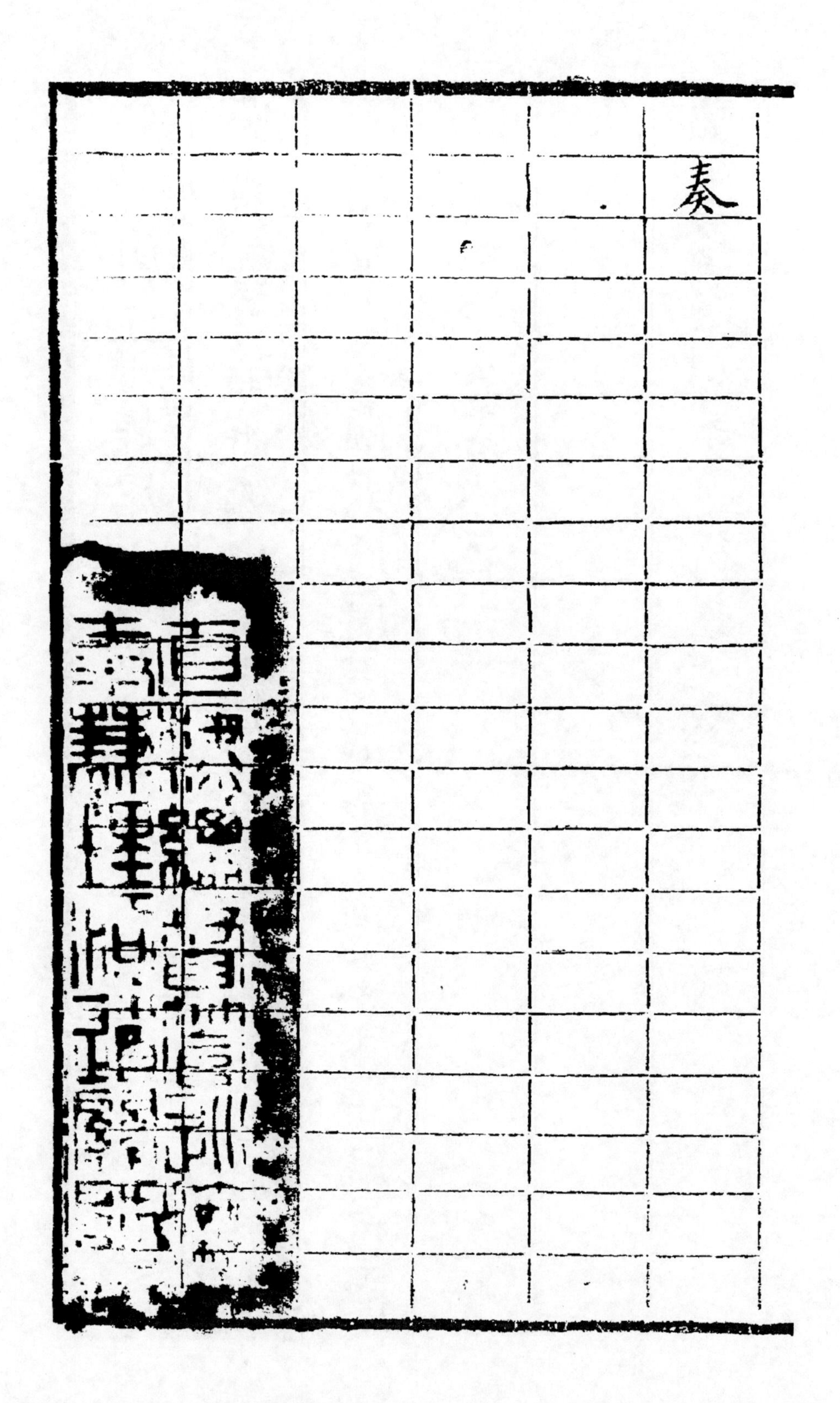
奏

光緒七年五月二十三日
照會一件
並摺稿
自天津呈

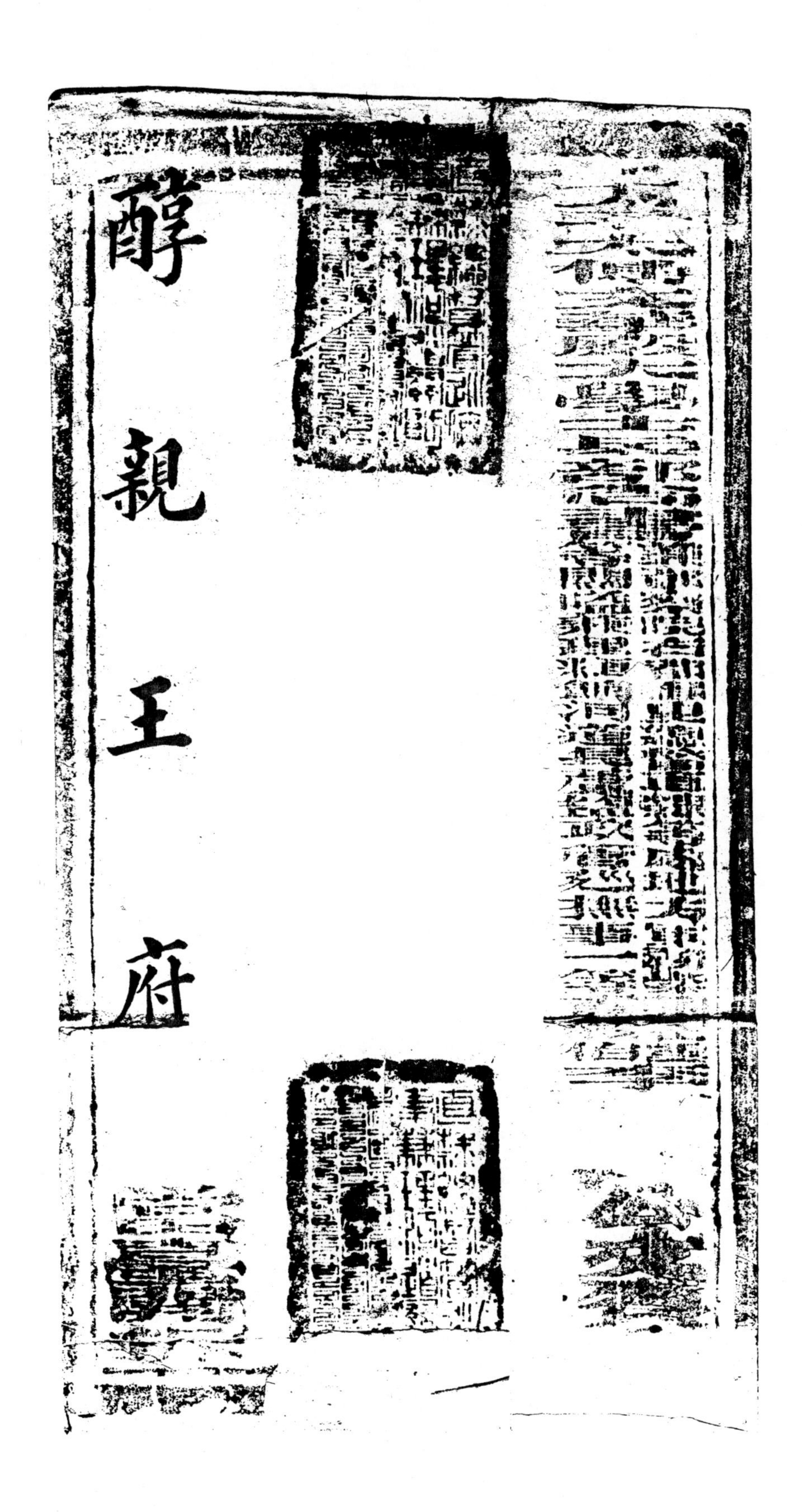

醇親王府

醇親王

咨呈

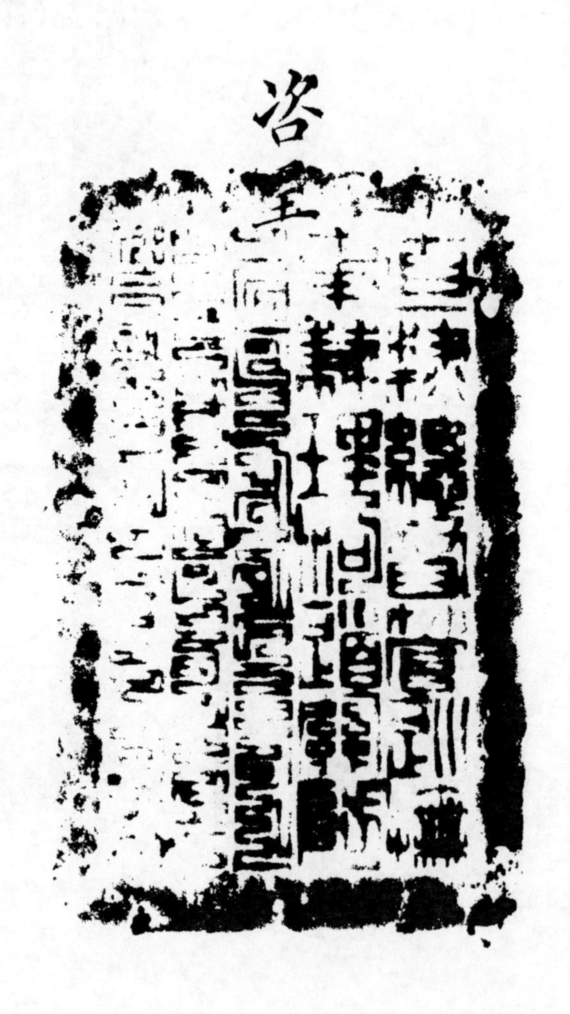

太子太傅文華殿大學士直隸總督部堂兼兵部尚書都察院右都御史總督直隸等處地方軍務兼理糧餉河道提督巡撫事一等肅毅伯李　為

咨呈事光緒七年五月二十九日准

左爵閣大臣咨開為照本爵閣大臣本月十二日具

奏赴涿州履勘水利工程商定修濬事宜一摺奉

旨知道了欽此即日出京取道盧溝橋良鄉縣過永定小清

琉璃胡良各河十三日抵涿州永濟橋行營連日履勘
巨馬河永濟橋工程及胡良河北牛河馬頭村金門閘
減河各水入大清河合流處接見營務處知府王詩正
督帶左營前福建藩司王德榜與清河道葉伯英永定
河道游智開候補直隸州鄒振岳石景山同知吴士湘

涿州知州查光泰在籍紳宦前湖北藩司張建基及各
汛弁等延訪河務利弊該員等各抒所見就地指陳足
資採擇按巨馬河發源於廣昌城東由紫荆關下流出
至涿州永濟橋中間各大涵洞歲久失修淤墊日積馴
致橋同虛設激水壯漾氾濫為災每遇汛漲田地驛道

一片汪洋官民俱困查光[illegible]

緩之工是也永濟橋下淤沙[illegible]

德榜王詩正督率將弁勇丁自五月初一日興工[illegible]

淤沙挑掘以復故道計下游河面已挑寬二十丈深八

尺橋上游淤沙挑掘二里有奇而起出淤沙堆積兩岸

者已成岡阜擬俟積淤挑盡後再於南面開小減河分洩[illegible]漲其面再築斜隄引道使汜濫之水逼歸中流庶西[illegible]一帶村莊[illegible]免[illegible][illegible]之虞而下游亦資衝刷之[illegible]惟土隄不若石隄堅固[illegible]久慮非永圖而石工較土工需費之多奚翅數倍永濟橋近地彌望淤沙到沙

取土致力殊艱即仿三合土辦法以黄泥粗砂石灰和匀築實雖較石工稍為節省而粗砂淨土均須取之數里以外石灰尤須於數十里外運致勞費亦略相等王德榜議修建石隄仿在甘肅狄道修渠辦法用火藥轟取石塊較開鑿稍省工力惟石塊堆砌仍須用加工三

合土彌縫罅缺始能黏成一片乃免穿漏勞費亦屬不貲且時近伏汛水勢漲落未可預知即使三合土工有成而灰泥粗砂性未凝定一經漫流浸潤必致土石相離難禁風浪摇撼一寸不堅萬丈不固勢所必然正恐勞費徒增終無實濟也比飭赶備石塊石灰黄泥俟秋

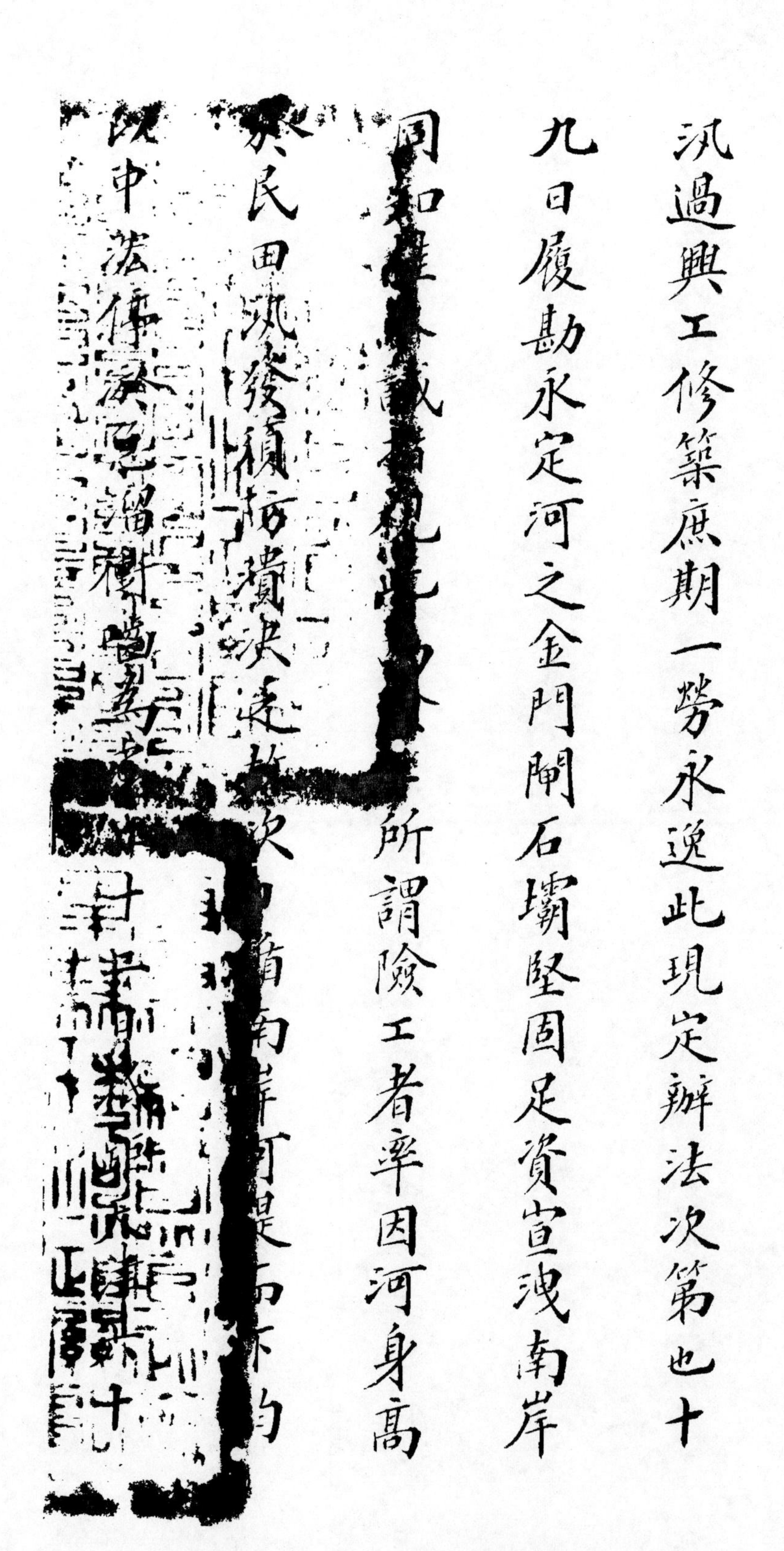

汎過興工修築庶期一勞永逸此現定辦法次第也十

九日履勘永定河之金門閘石壩堅固足資宣洩南岸

同知[illegible]所謂險工者率因河身高

於民田汎發積[illegible]潰決[illegible]故次[illegible]猶南岸[illegible]是而下[illegible]的

以中泓[illegible]

里岔至慶坨大莊宛在水中地勢雖低免[illegible]

豐居民四千餘戶丁口日繁隨水栽種差能自給村安

已久瀕河一帶榆柳成陰歲計亦出於此從前屢議遷

居隄外高地而百姓終以田園廬墓所在不願遷移非

禁令所可強也自此而東故道已淤成平陸水流倏南

倏北仍然無定兩岸寬五十餘里每逢汛漲官民俱以為憂竊維直隸五河以永定大清滹沱南運北運為經羣水附之達沽入海五河之患以桑乾滹沱為重而工程之繁以桑乾為尤論治桑乾者其策有三或擬添築遥隄意以宏其渟瀦毋與水爭地也或擬以南岸改作

北岸意以水行地中即以河身涸出之地撥補民田於民無損而於治河則大有益也或擬規復故道意以持論近正怨咨可免舊軌可循水安其宅也然遥隄既築則水之占地過寬目前有工作之煩日後增占壑之害是違其理改南岸為北岸瘠土之民怨官棄之度外無

祝而有詛是拂其情故道已塞水不之由必强之使行是逆其性更無論時絀舉贏效未可期而費已無措也察看情形治上游之法宜以去淤為務課衆挑沙束水刷沙而後舊淤[illegible][illegible]新淤不留治下游之法以開通中泓引水[illegible][illegible]為務[illegible][illegible][illegible]有所歸無氾濫之虞兼獲剔

淤之效詢之士人謀之汛弁僉謂永定錫名因無定而起河流悍急由於挾沙往往見沙嘴即有出險工瞬息異形難於施治若於積淤平地開挖中泓引溜進口寬濬口門俾入水有吸川之勢而遄流迅指出水有建瓴之形[illegible]幾大溜可引淤沙可刷隄岸險工可減迨中

浤濬淀野漯爭趨水勢順迅諸險將化而為平每歲所需搶險木稭料柴方搶險夫力皆可隨之俱減積為歲修經費亦不患籌措之無從矣其積窪之處水無銷路仍留為水櫃畜蘆葦植榆柳稍高者作稻田所取河身之土泥用培堤岸蓋以膠泥可避雨淋風刮免揚塵蔽明之

患若是則無定之河亦可永定矣至王慶坨以上自南七工尾至下八工頭自光緒五年大水河流改道迫近南岸二十餘里頓成險工自應及時修治又自南八工三號之馮家樁經葛漁城以下至蕭家場共計五十餘里舊爲中泓故道今多淤塞其青光村韓家樹一帶出

口逼仄豈淺鮮利害不可緩之工貴爵閣部堂現飭游
道智開督率各汛弁兵諮詢相度擬俟其妥議核定調
營興作尤為全工要舉本爵閣大臣現飭王藩司王守
等俟永濟橋工竣悉索敝賦以從分地受賦所不敢辭
同心協力以襄

王事庶於古義或有當也茲將履勘擬辦情形並繪圖咨送

貴爵閣部堂核酌挈銜咨呈

恭醇親王核定會

奏并希咨明

都察院左都御史兼管順天府尹童

署順天府尹堂張

察照施行須至咨者

計

咨送河圖一紙等因到本閣爵部堂准此查永定河上下游二百餘里自南七工以上河身寬數里不等南七工以下河身寬約四十餘里中泓積年淤沙奚止厚一二丈曾前部堂莅直時議挖中泓已費數萬金汛漲一過淤成平地旋即中止嗣後只能就歲修之款量力裁

灣切灘皆因淤沙不能起岸水過仍復停淤是以治之久無明效今議以上游之法以去淤挑沙束水為務治下游之法以疏通中泓逼水為務[illegible]係正辦惟必將淤沙挑送兩岸使盛漲時不再蕩入中泓庶幾舊淤可滌新淤不留下游兩岸過寬即不能挑運上岸亦須將淤

土送至一二百丈以外或疊做小埝藉以束水向辦河工章程出土不過十餘丈外故土方價值較輕今則出土太遠程工倍難需費更大究應如何擇要試辦之處應飭該河道游智開督率各廳汛員弁兵夫諮詢相度妥細籌議辦法詳確具覆再洛商

左爵閣大臣核奪會辦除札飭該河道遵照並咨

兼管順天府尹童

署順天府尹堂張　察照並咨覆

左爵閣大臣外相應照繪來圖合詞咨呈

王爺謹請核酌施行須至咨呈者

計送圖一紙

右咨呈

醇親王殿下

光緒

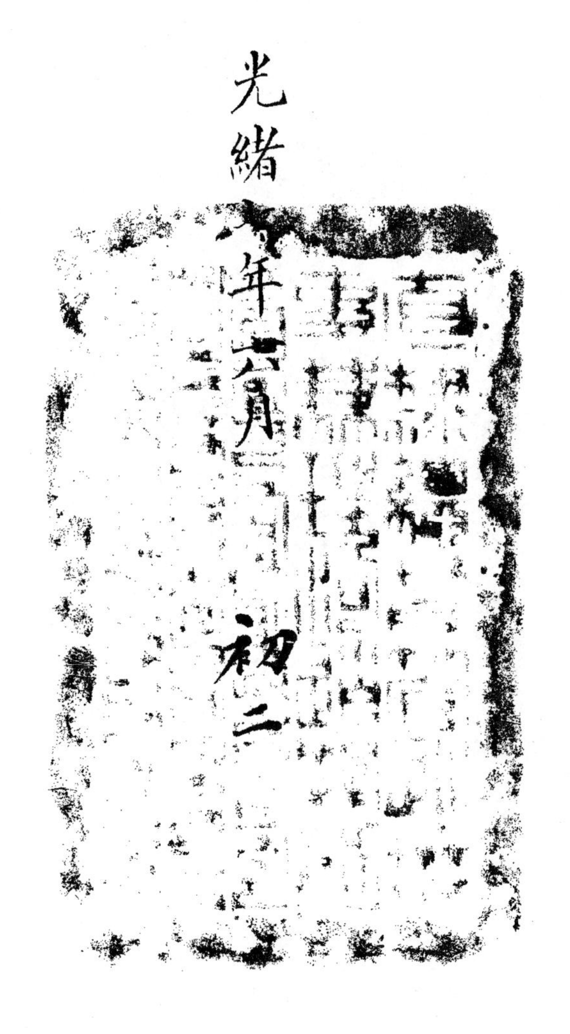

六年六月初二

日

內壹件
並河圖
初二
自天津啓呈

鷺山嘴以下圖說

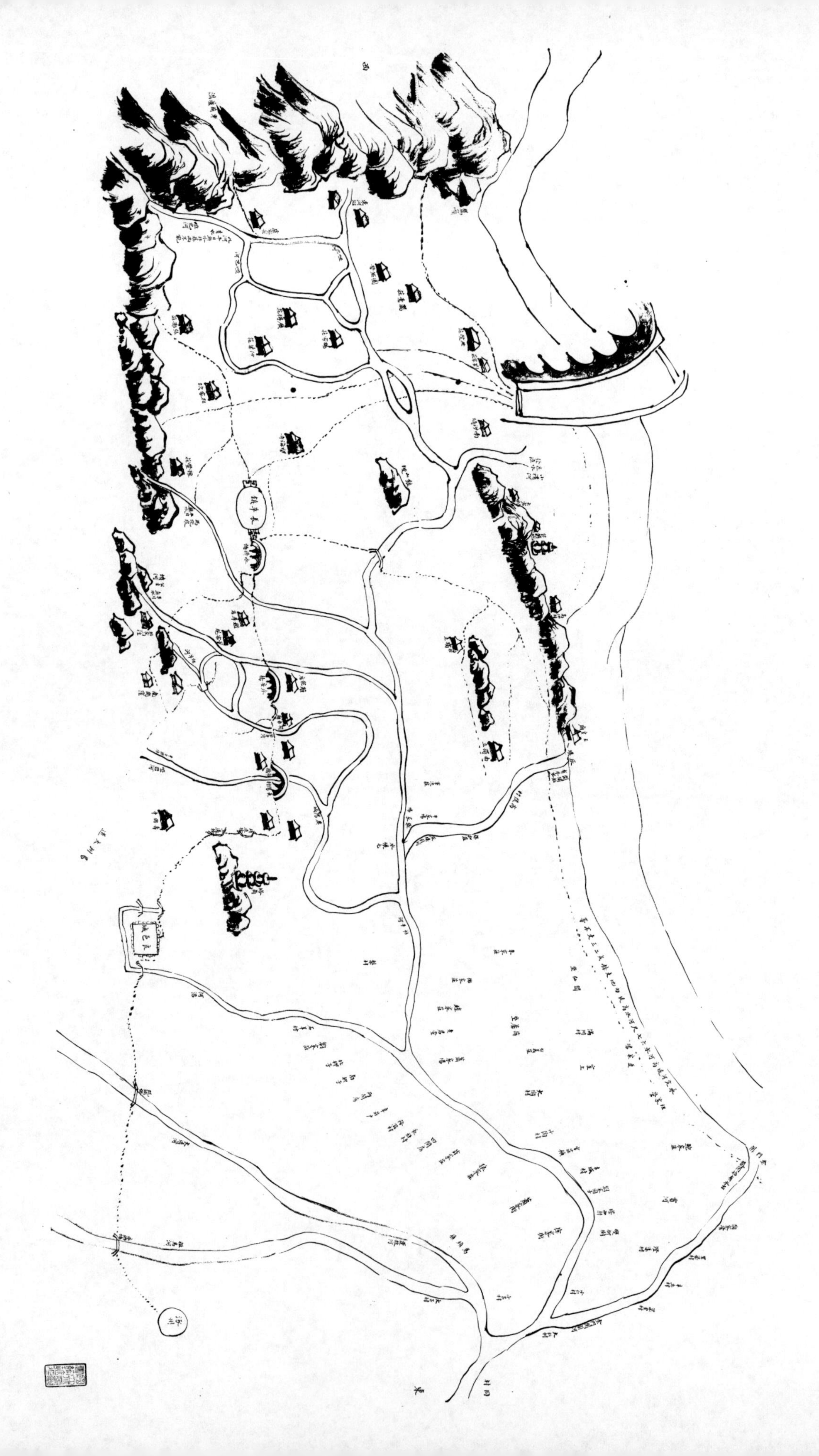

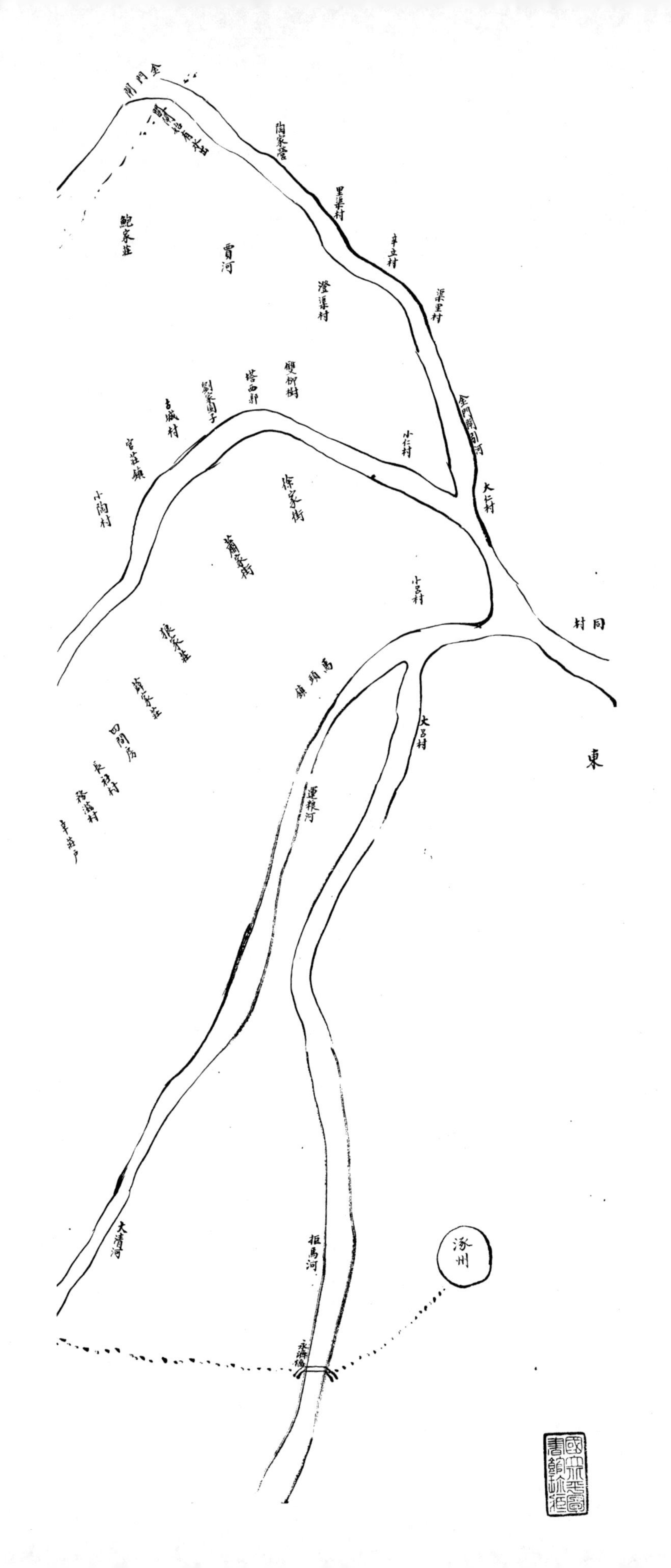

金門閘
陶家營
里渠村
辛立村
渠里村
鮑家莊
胃河
澄渠村
雙柳樹
塔西郭
劉家園子
吉城村
官莊鎮
小陶村
金門閘引河
小仁村
大仁村
徐家街
蕭家街
小呂村
同村
張家莊
馬頭鎮
大呂村
東
四間房
長邦村
辛莊户
運糧河
大清河
拒馬河
涿州
永濟橋

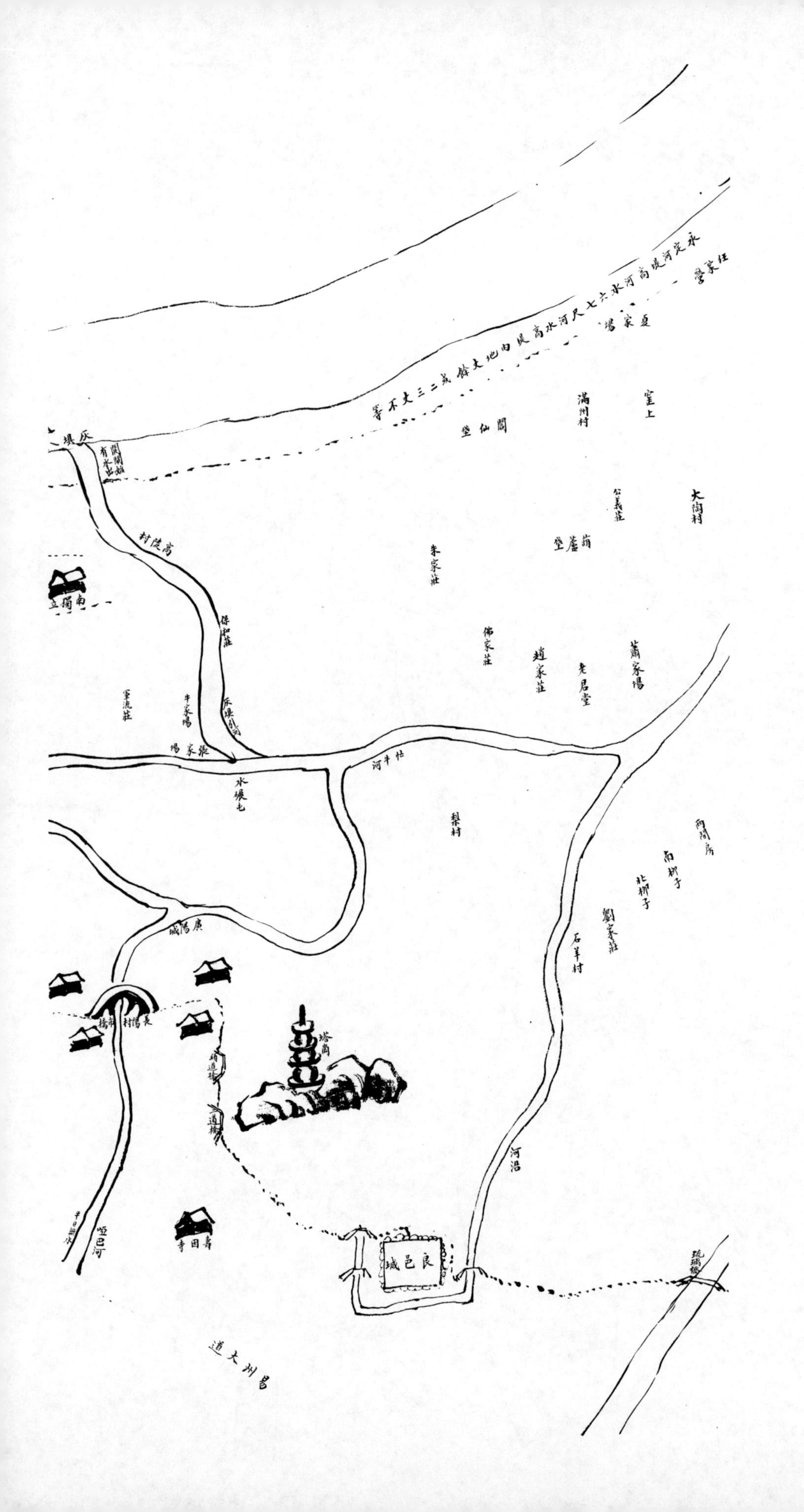

任家營
夏家場
閻仙塋
滿州村
大陶村
公義莊
朱家莊
高陵村
南獨立
保和莊
佛家莊
趙家莊
老君堂
蕭家場
牛家場
張家場
杜牛河
梨村
兩間房
南柳子
北柳子
劉家莊
石羊村
廣陽城
長陽村
啞巴河
琉璃橋

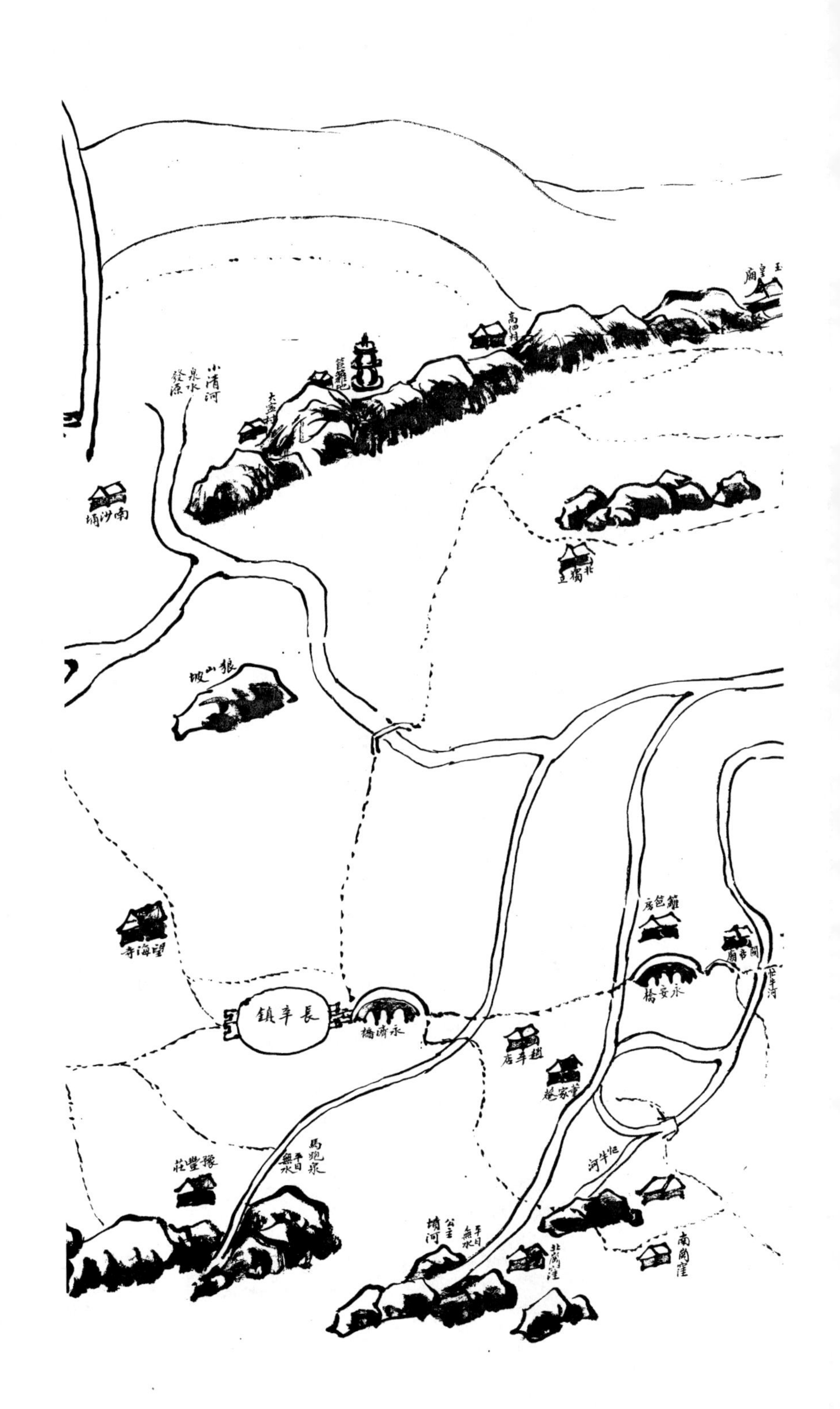

西
劉家莊
萬意莊
東河沿
啞巴河
楊家莊
廣得莊
沙渠莊
啞巴河
此河平日無水非暴雨不能有水
啞巴河
杜家坎
張郝莊

恭親王
醇親王

[illegible]都察院右都御史[illegible]兼理糧餉河道[illegible]一等肅毅伯李　為

咨呈事竊照本閣爵部堂於光緒八年正月二十一日在

保定省城專弁具

奏開挖文安縣臺頭以下及天津韓家墅以上東淀河道

一摺除分行遵照外相應鈔摺咨呈

王爺謹請查核施行須至咨呈者

計送 鈔摺一扣

右 咨 呈

恭親王殿下

醇親王殿下

光緒八年正月

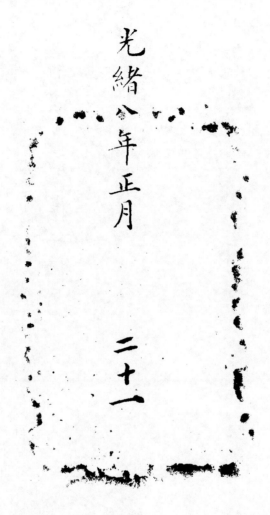

二十一

日

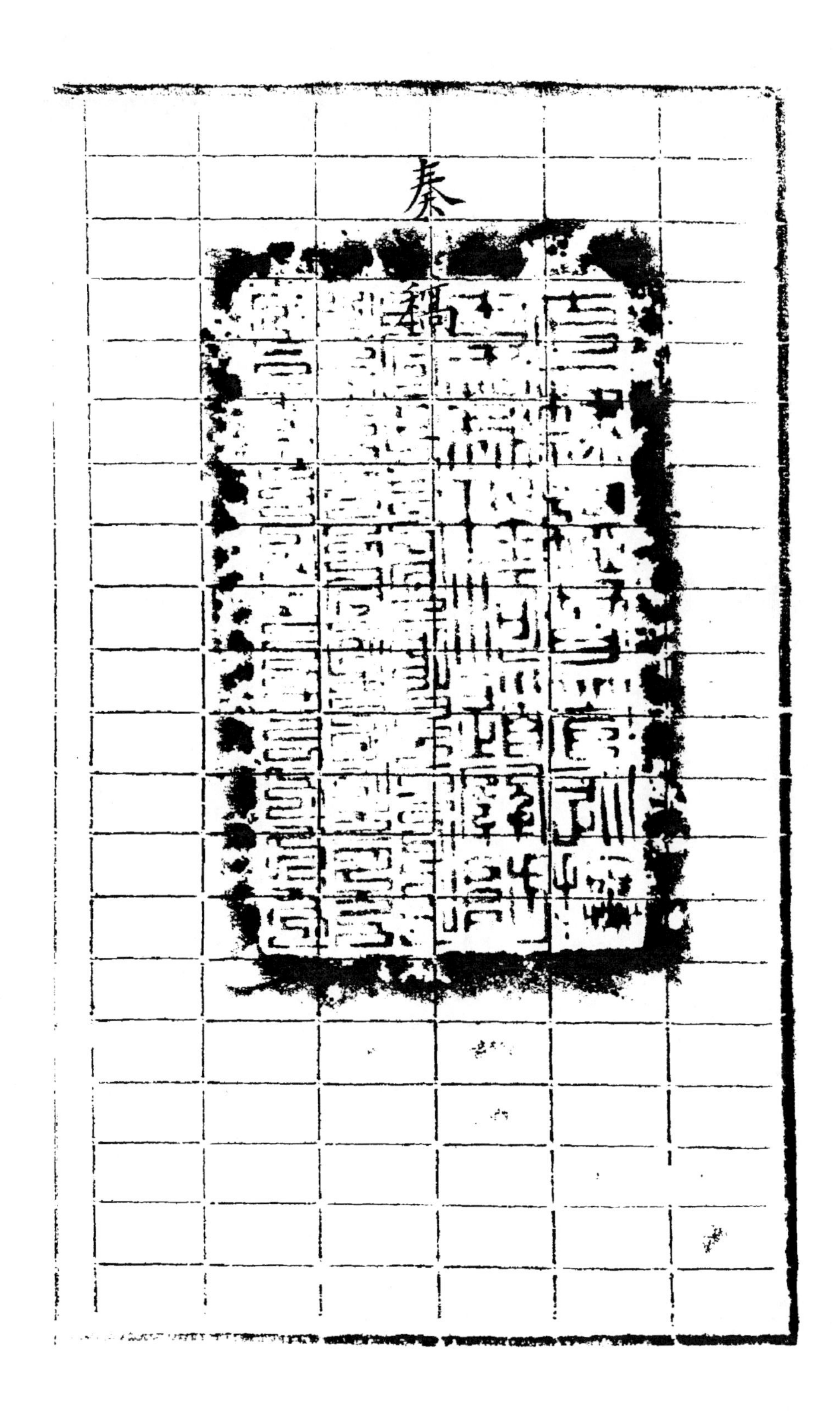
奏稿

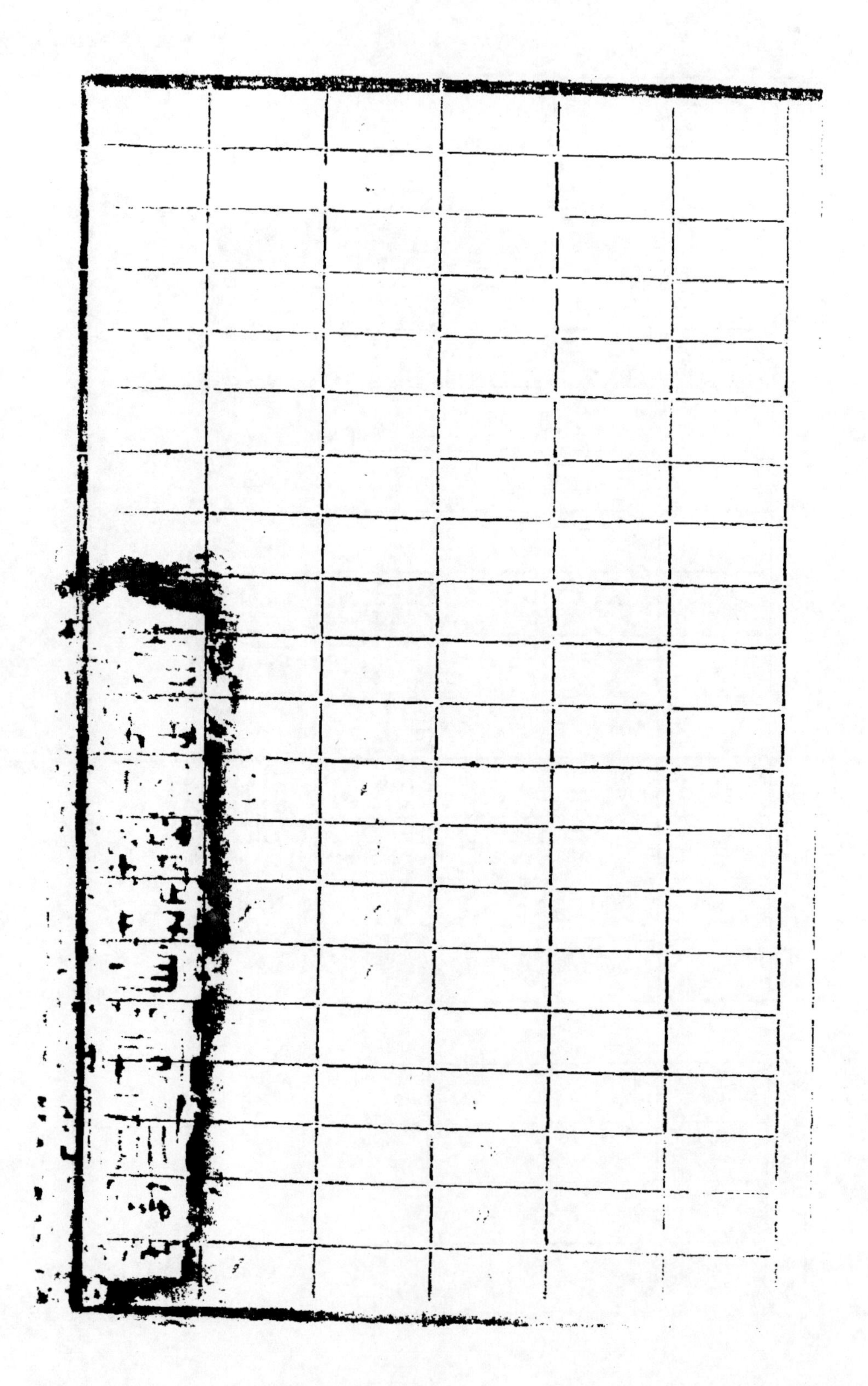

奏為文安縣臺頭以下及天津縣韓家墅以上東

淀河道年久淤墊現擬勘籌開挖以暢大清河

達津入海之路恭摺仰祈

聖鑒事竊直境之大清河為五大河之一上承西北

羣流及西淀巨浸由雄縣會白溝諸水經保定

霸州文安而趨東淀自嘉道以後久失修濬尾
閭不暢則胸膈壅阻為害滋深臣疊於新城任
邱地面開挖減河分洩盛漲並將隄工逐年修
築上年又將文安縣左各莊至臺頭入淀之處
挑濬寬深使河水暢流無滯均經奏報在案
聖鑒在案伏查東淀向係瀦水之區本甚寬廣為容

數十年來被附近村民侵占墾種遂淺狹難[illegible]多水臣已派奏調差委道員金福曾天津道吴毓蘭督同印委確查清理其淀中河道係大清河達津入海之路亦久經淤墊前飭西洋機器船逐漸接挖惟機器船僅止兩號送泥不遠工段又長自應兼用人力迅速開濬因飭金福曾吴

毓蘭等節次履勘相度計自臺頭入淀以下至猴山河工長一千九百二十丈應開口寬十一丈至十三丈底寬七丈深八尺至一丈二尺與機器船所開河道上下相接其淀心尚可蕩漾應從緩議又自臺[illegible]至[illegible]東經[illegible][illegible][illegible]白塔寺迤鋪鍋鐵店王家房[illegible]趙家房東灘下[illegible][illegible]工長

三千四百九十丈應開口寬十二丈至十四丈底寬七八丈深八尺至一丈即海格淀隨邊開濬一面出土幫築隄身統計工長五千四百一十丈合三十里零應挑土三十八萬一千餘方以上各工均在東淀水中須節節築壩戽水即由水中撈挖施工倍難方價昂貴約需工費銀

七萬五千兩經此次疏濬後原大清河諸道之
水滚滚東趨下與永定渾流交匯於韓家墅衝
刷當更得力達津入海之尾閭既較暢通上游
亦免壅潰之患實為必不可緩之要工已飭金
福曾吳毓蘭先[illegible]並[illegible]籌[illegible][illegible]置現[illegible][illegible][illegible]並
責成該道等趕緊募[illegible]要實督辦尅期告成所

需工費於南省捐物賑餘款內撥給仍令撙節

動支事竣照案[illegible]用清單[illegible]

醇親王查核外理合恭摺具陳伏乞

皇太后

皇上聖鑒訓示謹

奏

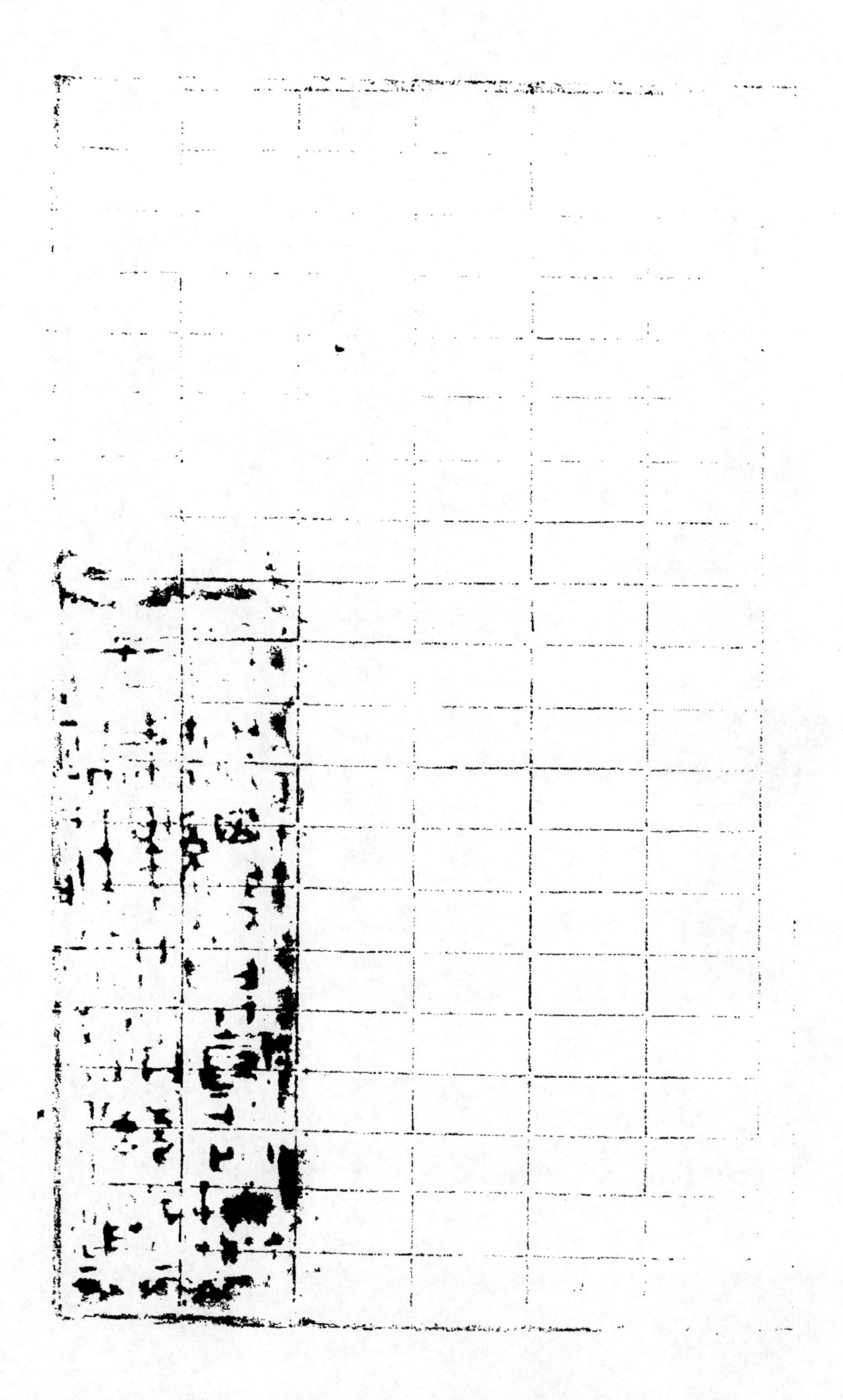

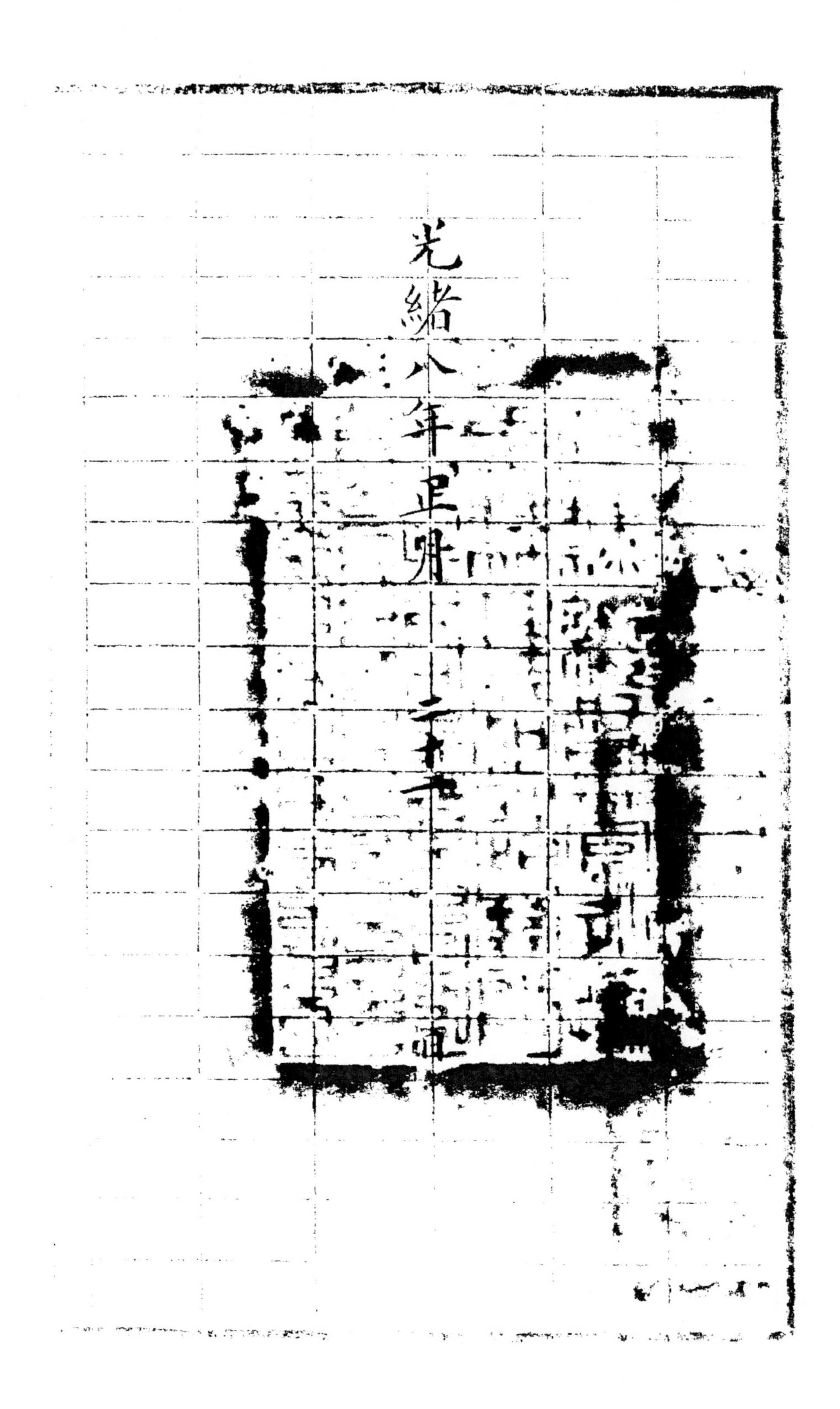

光緒八年

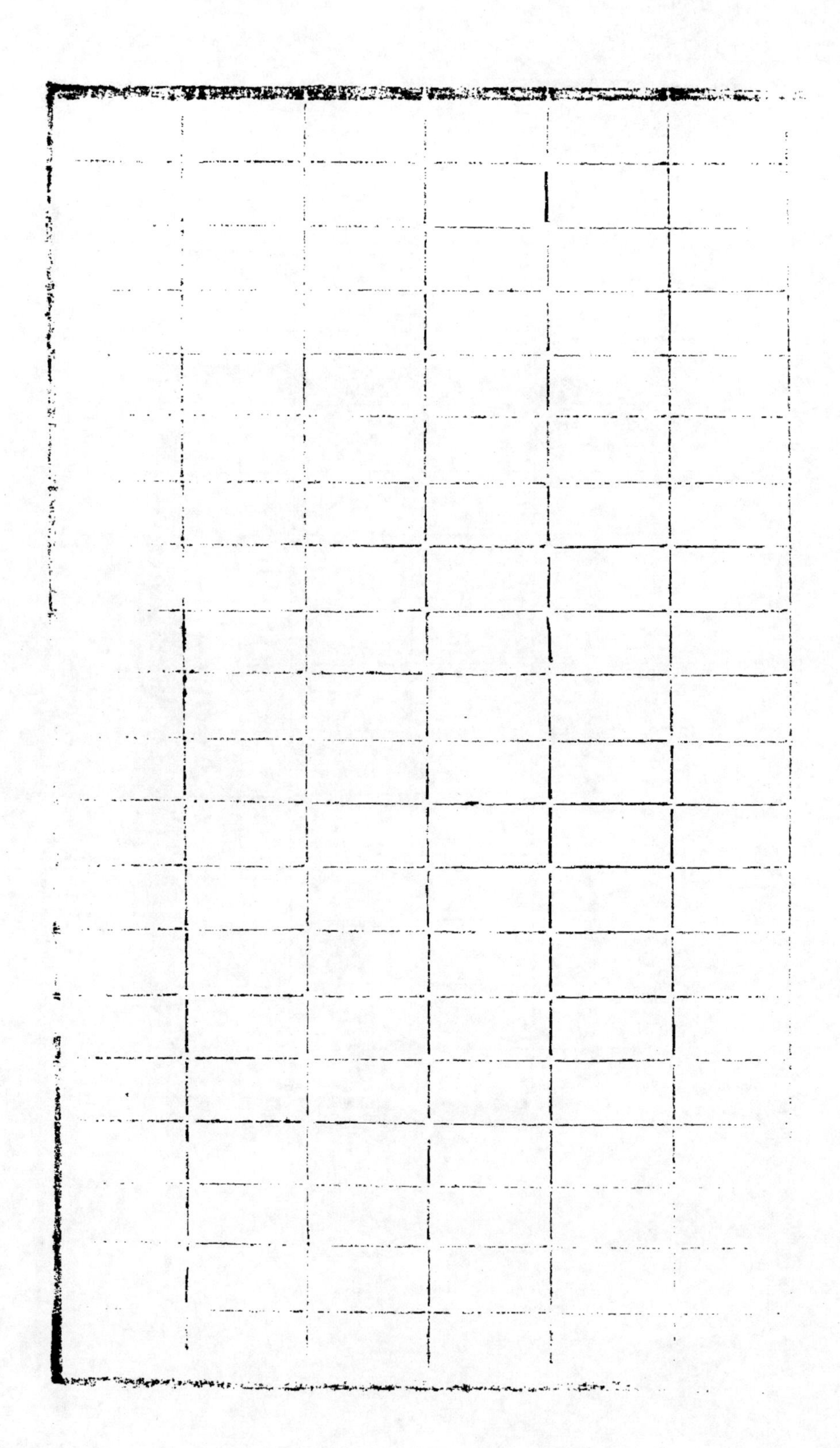

恭親王

醇親王

咨呈

太子太傅文華殿大學士兵部尚書兼都察院右都御史總督直隸等處地方軍務兼理糧餉河道長蘆鹽政管巡撫事一等肅毅伯李　為

咨呈事竊照本閣爵部堂於光緒八年正月二十一日在

保定省城專弁具

奏加開獻縣滹沱新河修築子牙河兩隄繪圖呈

覽一摺除分行遵照外相應繪圖鈔摺咨呈

王爺謹請查核施行須至咨呈者

計送 河圖一張 鈔摺一扣

右　咨　　呈

恭親王殿下

醇親王殿下

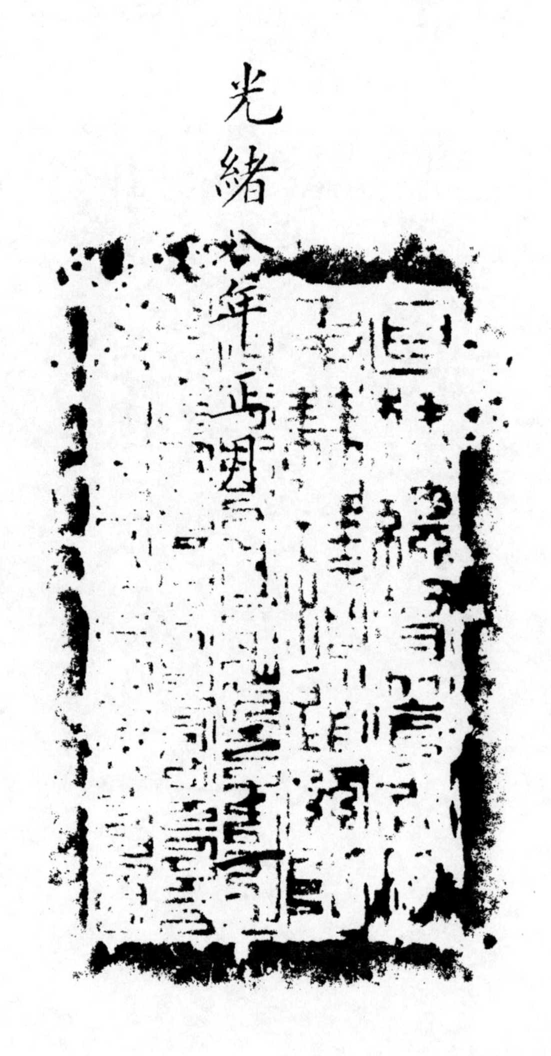

光緒　年　月　日

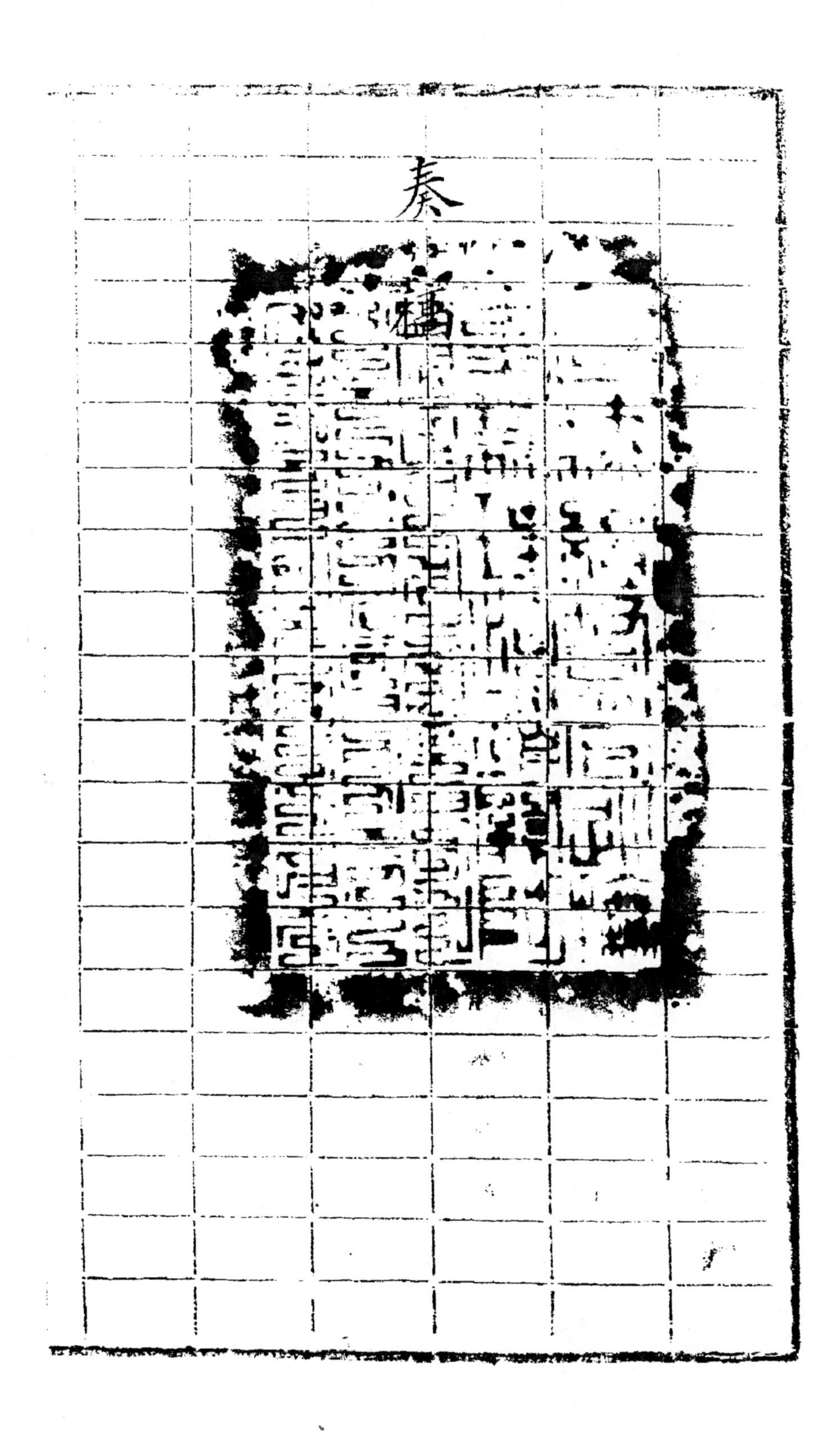
奏

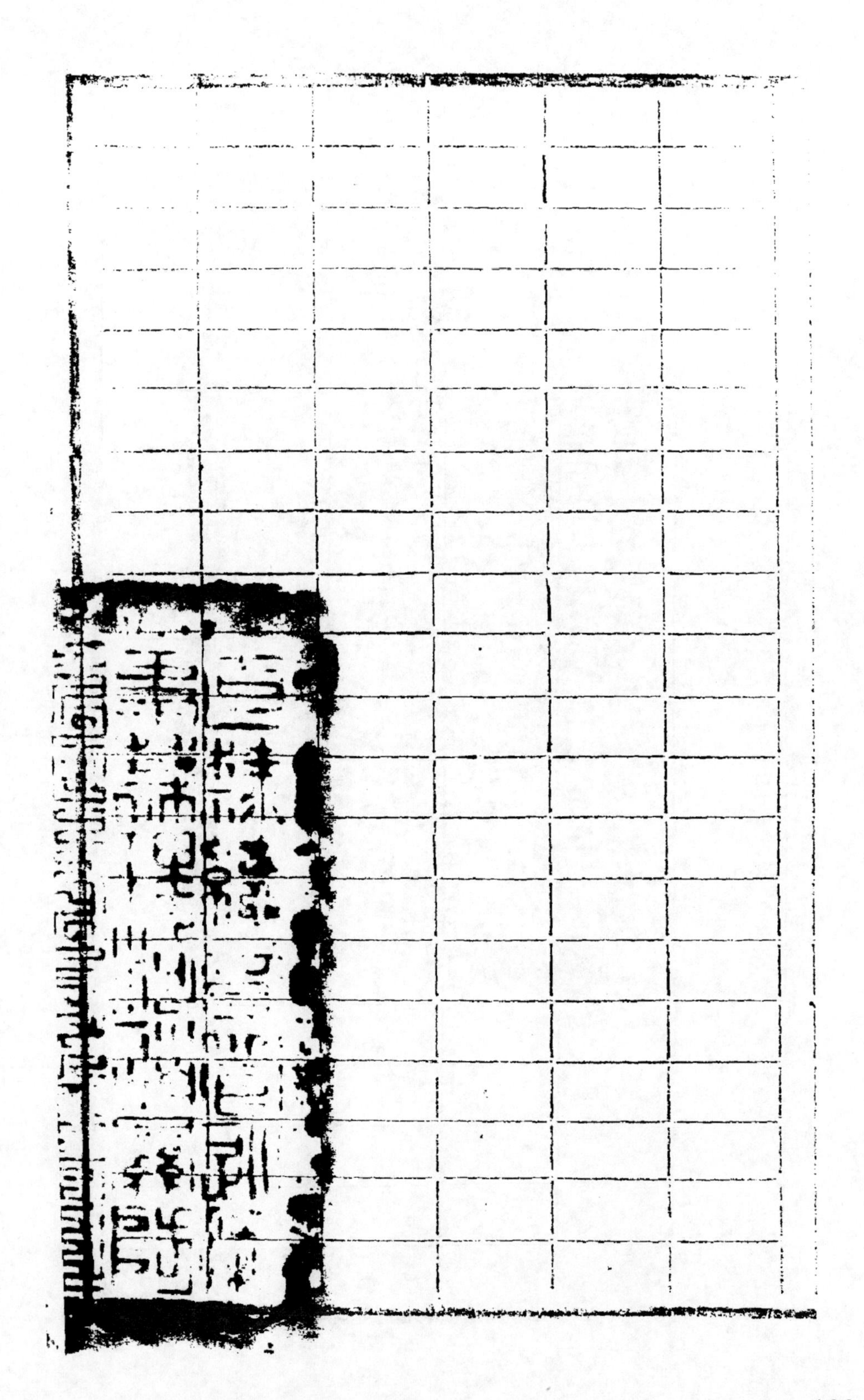

奏為滹沱已復子牙故道應將獻縣新河開寬以
資汛漲暢洩並修築獻縣以下子牙河兩岸隄
工用衛田廬現經籌定辦法恭摺仰祈
聖鑒事竊上年十一月欽奉
皇太后懿旨恭親王醇親王奏察看河工情形一摺此

外應行修濬處所著李鴻章等查勘奏明辦理以興
水利而裕民生等因欽此遵查滹沱爲直省五大河
之一向稱巨浸本由子牙河達津歸海自同治
七年由藁城北徙氾濫橫流經晉州深澤深州
安平饒陽灌入古洋河[illegible]家[illegible]縣肅寧河間復
邱雄縣保定霸州大城境內而歸文安大窪其

稟城南入子牙河故道歷次勘查沙淤極深不能挽復而現行古洋河下游並無出路沿河州縣受害甚廣文安一帶久成澤國臣幾經設法籌度須於獻縣朱家口古羊河東岸另闢減河使其分歸子牙前派道員史克寬詳細查勘妥議即於去春開工自朱家口起至子牙河止計

長三十三里零平地挑挖口寬十一丈至十五

丈底寬五丈至十二丈高處挖深一丈九尺最

窪處挖深七尺於兩岸五六丈外出土堆築南

北新隄底寬五六丈頂寬二丈二三尺高一丈

三四尺地形極[illegible]

壩大溜東趨竟[illegible]河之[illegible]來全行[illegible]

入新河復歸子牙故道昔年下游即已斷流獻縣至文安九州[illegible][illegible]餘十[illegible]年之積潦即[illegible][illegible]以上州縣亦獲暢消之利實為始念所不及官民同深慶幸已疊次奏蒙

聖鑒在案惟原開獻縣新河本擬分減滹水未克展寬河身今既奪滹沱全溜勢衆力猛誠慮水大

難容復蹈舊轍必將新河加寬俾得暢洩而資
經久又獻縣河間青縣靜海大城文安等六縣
原有子牙河兩岸隄工五百餘里為各縣田廬
保障因滹沱北徙年久失修大半塌廢今滹水
既歸子牙故道又[illegible]通重加修築以免旁溢
之虞復飭清河道史克寬天津道吳毓蘭候補

知府惲桂孫等分投履勘妥細籌議據史克寬稟稱獻縣新河應先北面酌量開寬三四五六丈地勢高者挖深丈餘窪者挖深五六尺原出廢土離河五六丈今再於北面移出十丈除挖寬河身三四五六丈外河岸離隄尚有十丈之遠設遇汛漲出槽可使暢流仍以廢土為隄與

南岸之隄對峙其兩隄相去遠近較上游古羊
下游子牙兩隄相等上下形勢聯絡一律計挑
河移隄合土六十六萬餘方至原建李謝留鉢
野廠三村橋座應拆修加長以免河寬橋窄阻
扼水路其宋家房土壩係堵截瀦水不穩下[illegible]
古羊最關緊要[illegible][illegible][illegible][illegible][illegible]十[illegible][illegible][illegible]家房之南

新河頭之北酌添重壩俾資捍衛約共需另價

料物雜用銀七[illegible][illegible][illegible][illegible][illegible][illegible]兩[illegible][illegible][illegible][illegible][illegible][illegible]

以下子牙河兩岸隄工東岸自獻縣賈莊橋起

歷河間大城青縣至靜海獨流鎮大橋當城止

西岸自獻縣新河尾起歷河間大城至文安豐

樂橋天津格淀隄止共合工長八萬五千三百

六十四丈擬就原隄基址修築頂寬一丈二尺
底寬五丈二尺高八尺青靜文大地勢較低之
處應築頂寬一丈五尺至一丈八尺底寬五丈
五尺至六丈三尺高八九尺其隄基逼近河身
及無隄而只有河灘者處應展寬二三十丈築
隄使溜勢舒展[illegible]

應加新土一百七十三萬餘方縱前該處本[illegible]
民力協修今勸[illegible]
萬餘方尚稱踴躍仍體察情形令以遠村補近
村之不足此縣補彼縣之不足酌盈劑虛通力
合作共不敷土五十七萬餘方劃歸官辦並修
築各段缺口車道約需方價及險工椿料雜用

銀七萬兩等情具稟前來臣查獻縣新河加開

寬深則全溜悉歸子牙故道下游九州縣可永

除漫水之患子牙河隄加築完固則歲時督民

修防沿河六縣可永獲保衛之益實於地方水

利有裨直庫入

省官紳前捐賑

萬餘兩以之湊撥此項堤河及另摺奏辦之大

清河下游東淀[illegible]工尚需款[illegible]自應及時興辦

已責成史克寬督辦加開滹沱新河工程吳毓

蘭惲桂孫等督辦子牙河兩堤工程均於年前

籌商布置現已春融即令招集民夫分段認真

工作務期妥速告成所需工費飭籌賑局照數

撥給仍令撙節動支事竣照案彙開清單奏報

至此項隄河與東淀河道工程均關重要擬俟

事竣將實在出力官紳查照河工章程擇尤酌

懇

恩施以昭激勸除咨[illegible]

[illegible]

恭摺具陳此工關繫雖開河道並繪具圖說敬

呈
御覽伏乞
皇太后
皇上聖鑒訓示謹
奏

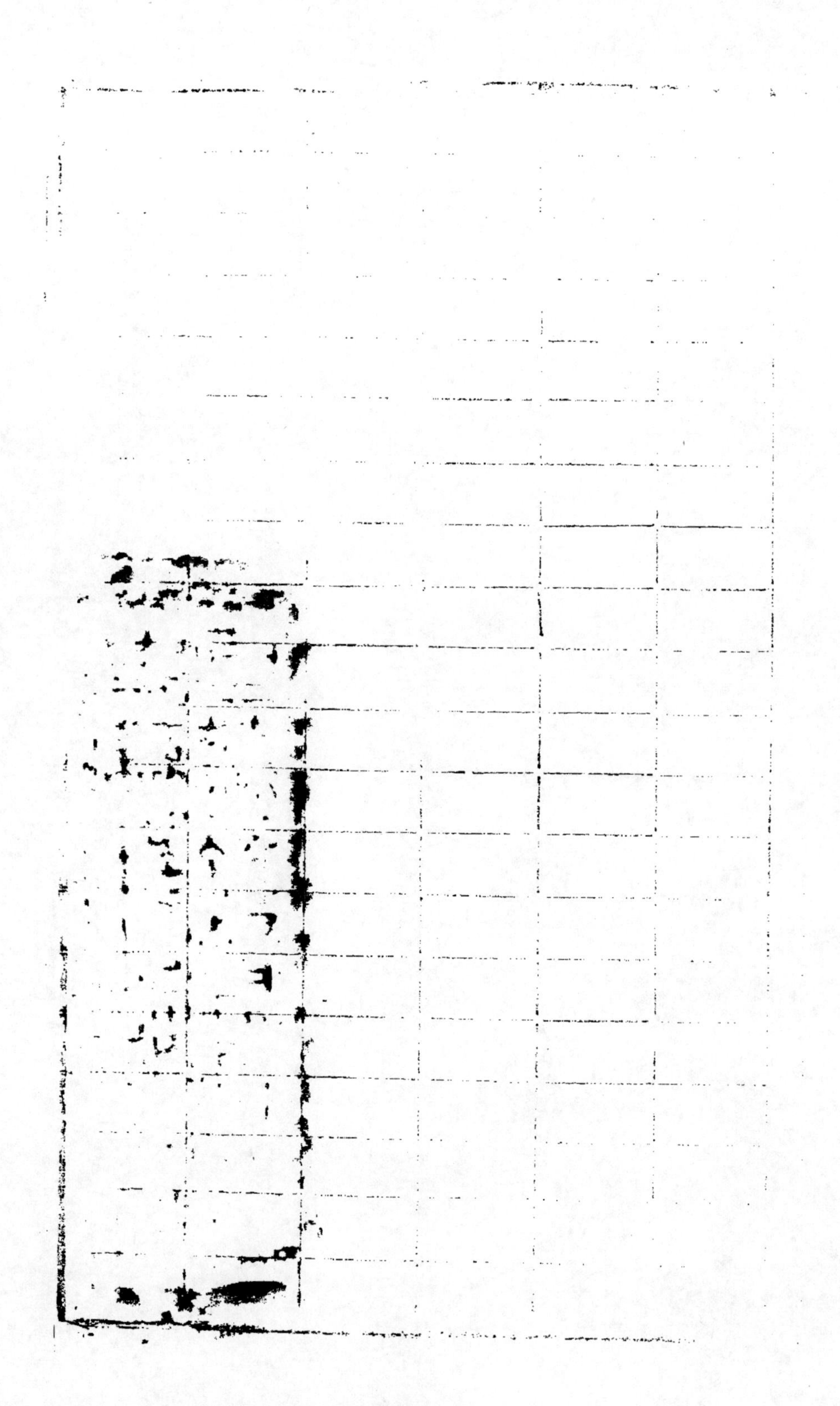

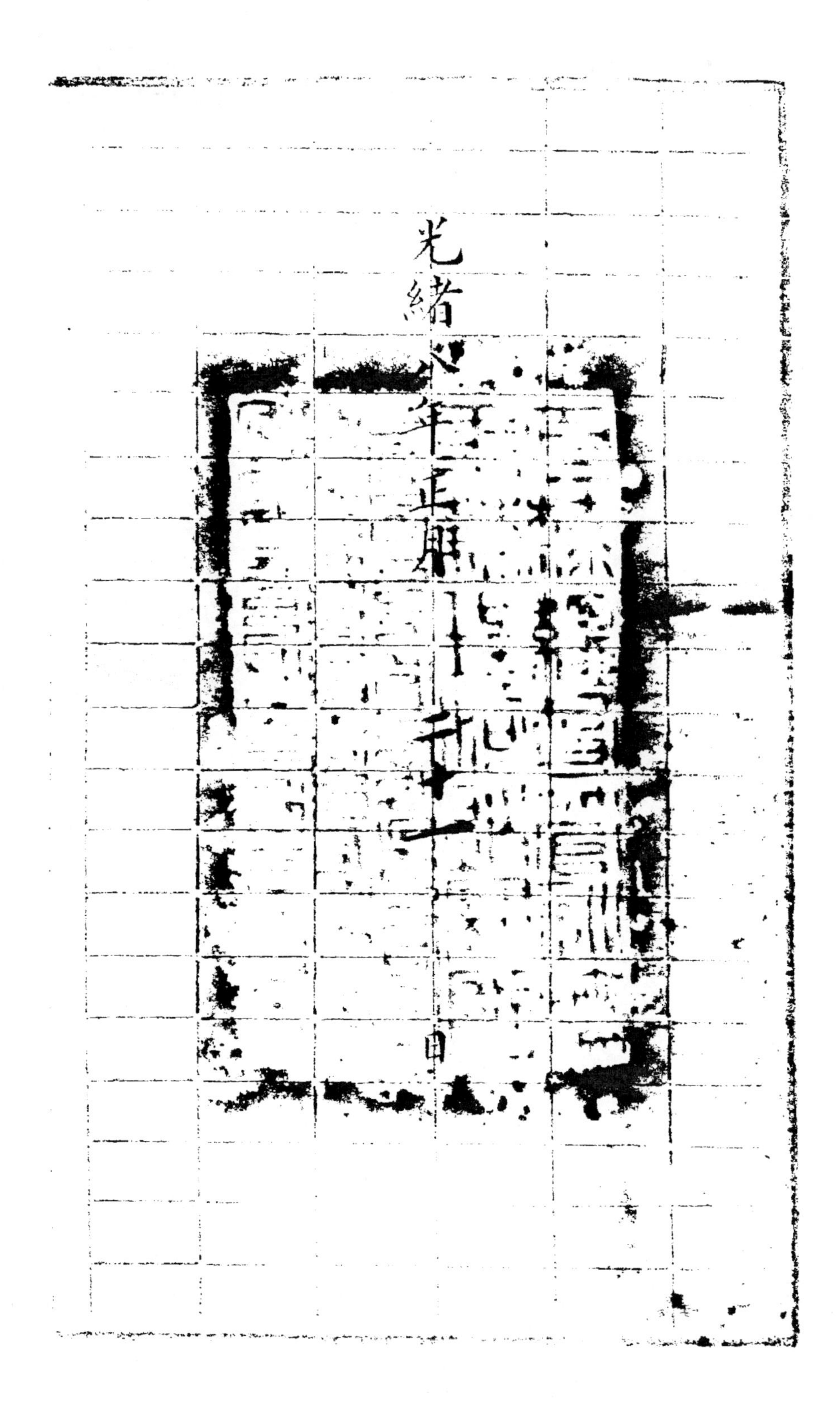
光緒八年正月[illegible]日

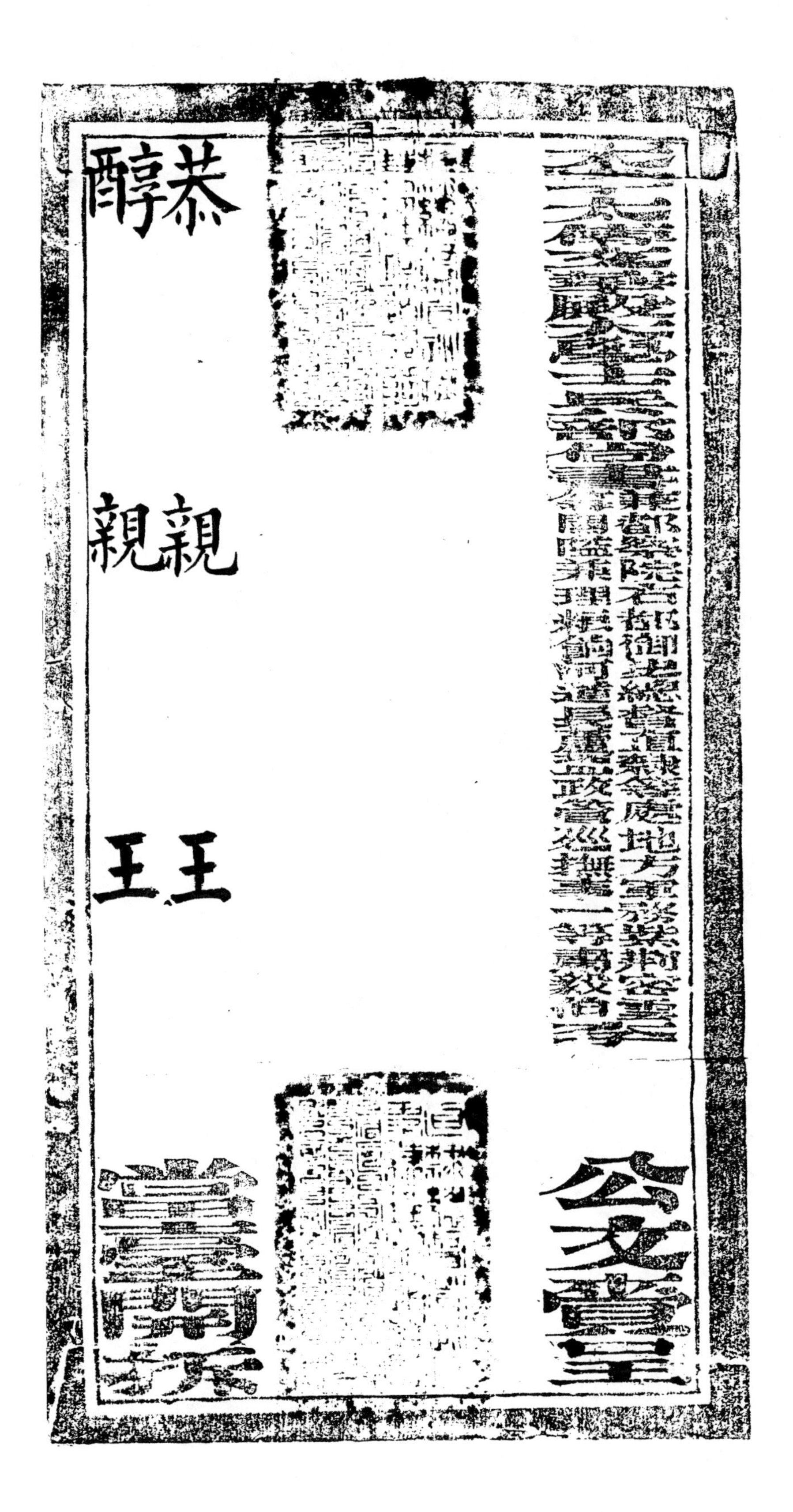
公文壹
恭親王
醇親王

恭親王

醇親王

咨呈

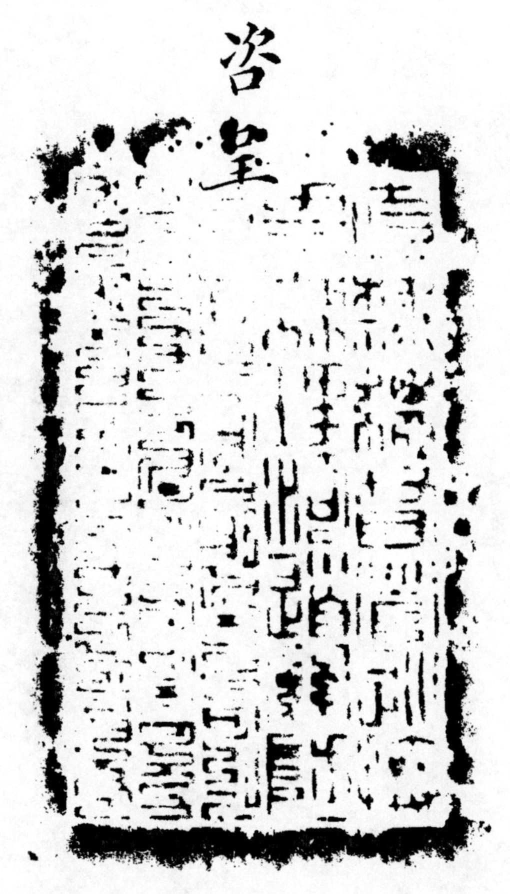

[illegible]都察院右都御史總督直隸等處地方軍務兼理糧餉河道兼管巡撫事一等肅毅伯李　為

咨呈事竊照本閣爵部堂於光緒八年正月二十一日

在保定省城專弁附

奏分派淮練各軍承挑永定河下游並南運減河下

游各工一片除分別咨行外相應咨呈

王爺謹請查核施行須至咨呈者

計送鈔片一扣

右　咨　呈

恭親王殿下

醇親王殿下

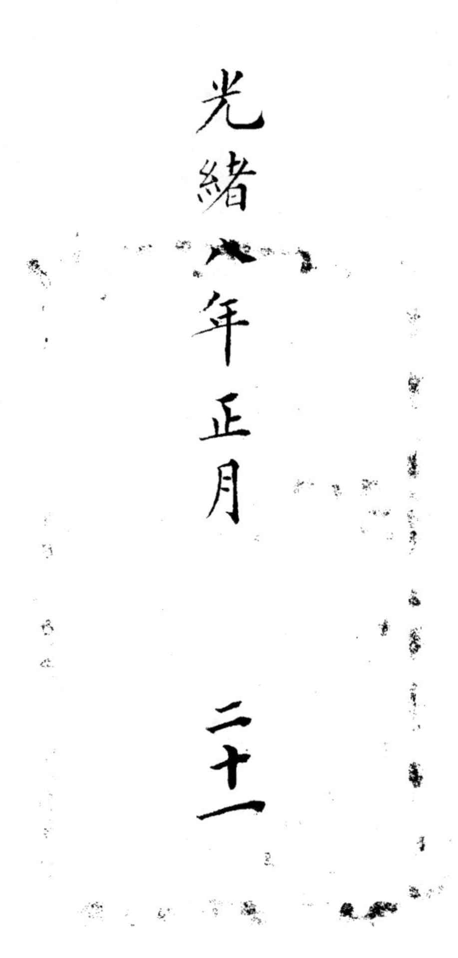

光緒八年正月 二十一 日

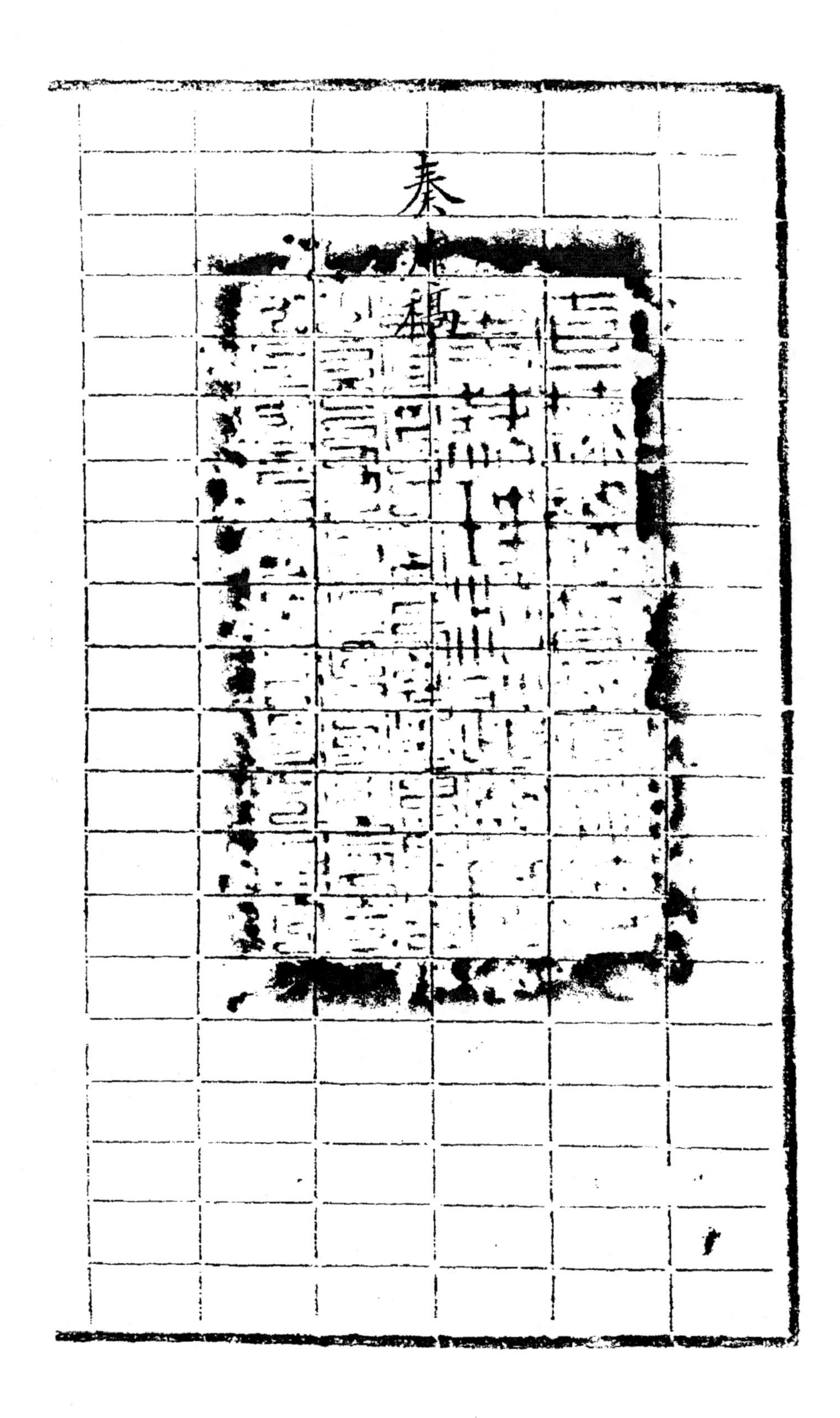
奏稿

再上年六月左宗棠來天津會商永定河下游應挑河道擬將所部湘軍與洋防淮練各營分段承挑經臣疉飭該河道游智開勘定自南八上汛三號至安家墳止向東斜開新河一道與南首舊河並行免致趨重南隄嗣因安家墳以下尚有淤阻又飭酌估接挑遂議以南八上汛

三號起經霍家場盧家鋪張家場至六道口村
止計工長三千八百三十五丈共合土二十五
萬四千三百九十餘方分歸淮練軍挑挖又接
六道口村經西蕭莊曹家場二光村至安家墳
止計工長二千二百四十四丈五尺共合土十
二萬五千三百六十餘方分歸淮練軍挑挖又接

安家墳經魚壩口雙廟村入大葦澱止計工長

二千一百九十丈共合土四萬五千餘方亦歸

淮練軍挑挖均於三十丈外出土平鋪兩岸酌

留缺口以消盛漲統計原續估工長八千三百

六十九丈五尺合土四十一萬九千八百十餘

方查湘軍分挑土十二萬五千三百餘方工段

較少先由左宗棠派道員王詩正於八月杪督
軍興挑該軍因左宗棠奉
命總督兩江亟須相隨南下曉夜趕辦於十月初完
工業經左宗棠奏報並經臣委員驗收在案此
外淮練軍分認工正工土九萬四千四百餘方
較湘軍多至兩倍有餘其時另有開濬蹲河瀆

支河工程又去冬冰凍較早未使草率從事仿
俟今春凍解及時興辦茲已檄令記名提督劉
盛休率所部銘軍記名總兵黃金志率所部天
津練軍拔起工次分段如式承挑仍飭營務處
道員萬國順提督吳殿元與游智開等妥爲照
料務於伏汛以前一律完工以資盛漲分洩又

前派海防淮練各軍自靜海靳官屯至天津興

農鎮新開南運減河六十餘里上年洩水極暢

其興農鎮下至大沽先由統領盛軍記名提督

周盛傳自督所部創開新河九十餘里接駛入

海沿河農田咸資灌溉實屬有裨地方茲查內

有四十五里尚嫌淺狹擬於春間督飭盛軍弁

勇統行挑挖加寬三丈所有餘土即於丈外

添築兩隄使與滅河上游兩隄銜接並於

隄外酌量開溝分洩引灌俾津郡東南斥鹵之

地可種稻田計共合土五十九萬餘方工程甚

巨周盛傳復獨力認辦妥速經營以竟全工而

興水利所有分派淮練各軍承挑永定河下游

並南運減河下游各工緣由除咨呈恭親王醇
親王查核外理合附片具陳伏乞
聖鑒訓示謹
奏

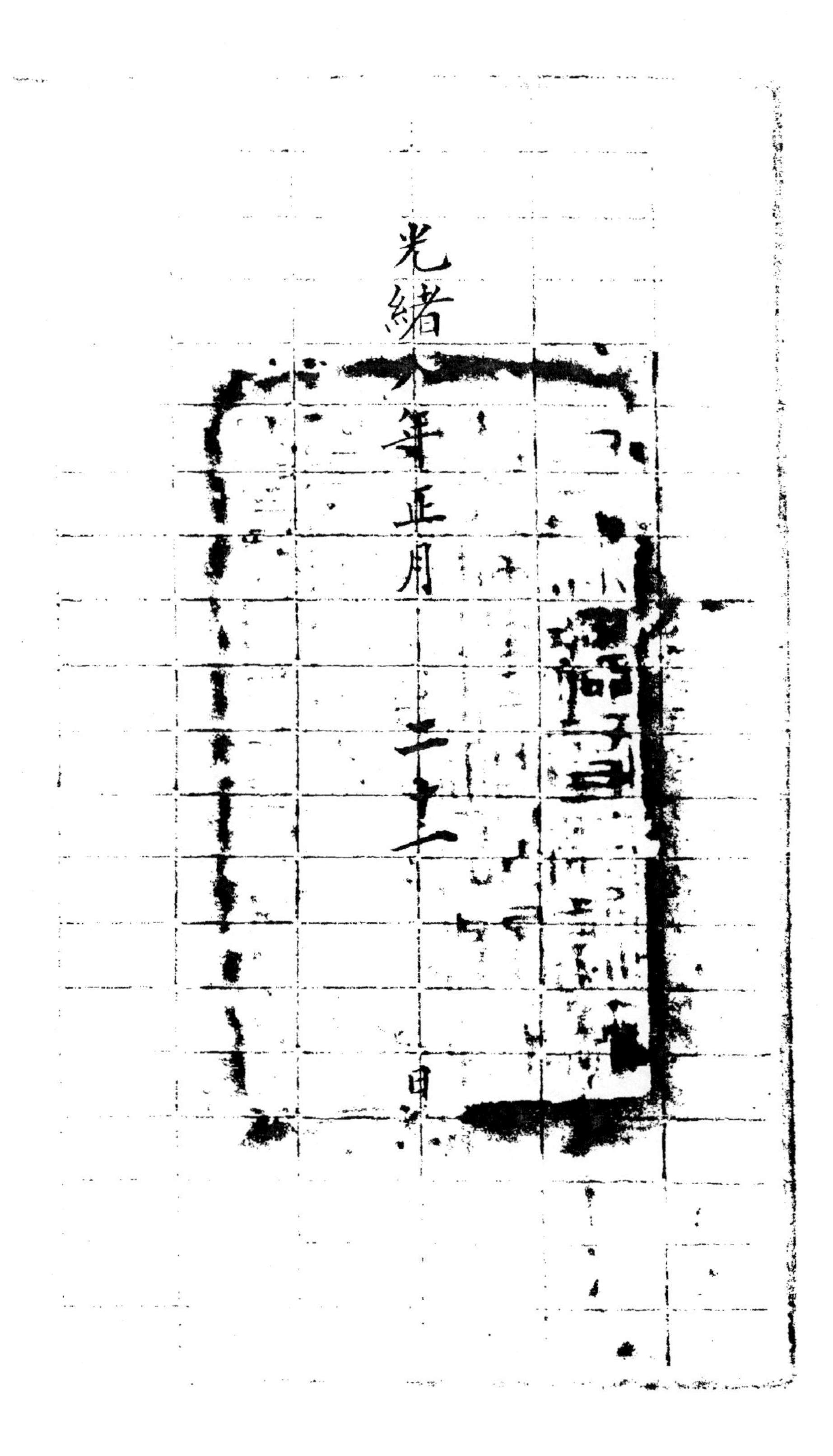
光緒八年正月二十一日

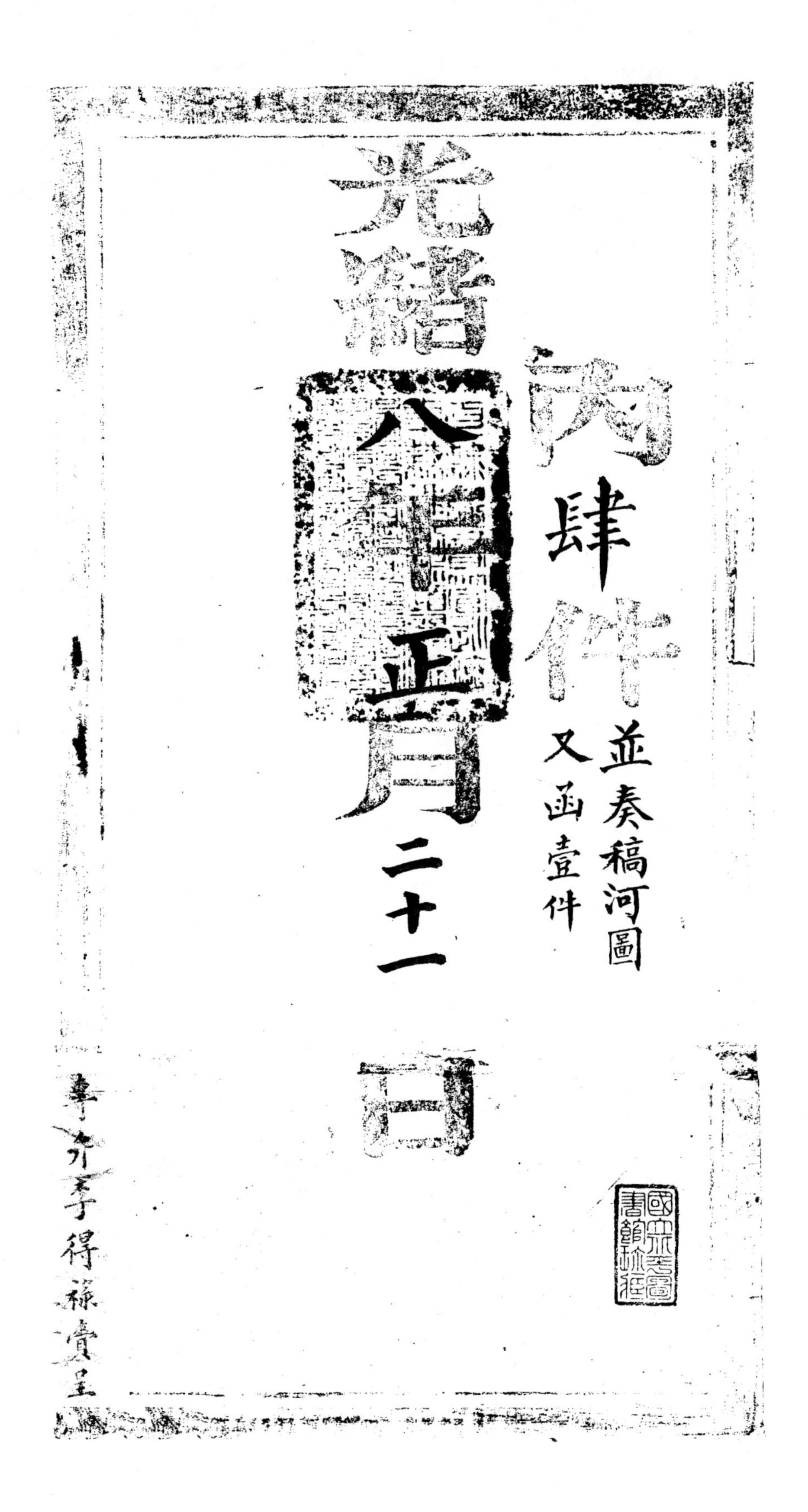

內肆件

並奏稿河圖

又函壹件

光緒八年五月二十一日

專弁李得祿賚呈